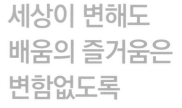

세상이 변해도
배움의 즐거움은
변함없도록

시대는 빠르게 변해도
배움의 즐거움은
변함없어야 하기에

어제의 비상은
남다른 교재부터
결이 다른 콘텐츠
전에 없던 교육 플랫폼까지

변함없는 혁신으로
교육 문화 환경의 새로운 전형을
실현해왔습니다.

비상은 오늘, 다시 한번
새로운 교육 문화 환경을 실현하기 위한
또 하나의 혁신을 시작합니다.

오늘의 내가 어제의 나를 초월하고
오늘의 교육이 어제의 교육을 초월하여
배움의 즐거움을 지속하는 혁신,

바로, 메타인지학습을.

상상을 실현하는 교육 문화 기업 비상

메타인지학습
초월을 뜻하는 meta와 생각을 뜻하는 인지가 결합된 메타인지는
자신이 알고 모르는 것을 스스로 구분하고 학습계획을 세우도록 하는
궁극의 학습 능력입니다. 비상의 메타인지학습은 메타인지를 키워주어
공부를 100% 내 것으로 만들도록 합니다.

개념＋연산 파워

초등수학

5·1

구성과 특징

① **전 단원 구성**으로 교과 진도에 맞춘 학습!

② **키워드로 핵심 개념**을 시각화하여 개념 기억력 강화!

③ **'기초 드릴 빨강 연산 ▶ 스킬 업 노랑 연산 ▶ 문장제 플러스 초록 연산'**으로 응용 연산력 완성!

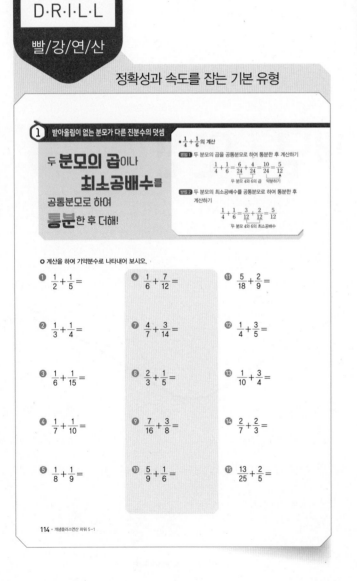

기초 D·R·I·L·L
빨/강/연/산

정확성과 속도를 잡는 기본 유형

① 받아올림이 없는 분모가 다른 진분수의 덧셈

• $\frac{1}{4} + \frac{1}{6}$의 계산

방법 1 두 분모의 곱을 공통분모로 하여 통분한 후 계산하기

$$\frac{1}{4} + \frac{1}{6} = \frac{6}{24} + \frac{4}{24} = \frac{10}{24} = \frac{5}{12}$$

두 분모 4와 6의 곱   약분하기

방법 2 두 분모의 최소공배수를 공통분모로 하여 통분한 후 계산하기

$$\frac{1}{4} + \frac{1}{6} = \frac{3}{12} + \frac{2}{12} = \frac{5}{12}$$

두 분모 4와 6의 최소공배수

두 **분모의 곱**이나 **최소공배수**를 공통분모로 하여 **통분**한 후 더해!

○ 계산을 하여 기약분수로 나타내어 보시오.

① $\frac{1}{2} + \frac{1}{5} =$ ⑥ $\frac{1}{6} + \frac{7}{12} =$ ⑪ $\frac{5}{18} + \frac{2}{9} =$

② $\frac{1}{3} + \frac{1}{4} =$ ⑦ $\frac{4}{7} + \frac{3}{14} =$ ⑫ $\frac{1}{4} + \frac{3}{5} =$

③ $\frac{1}{6} + \frac{1}{15} =$ ⑧ $\frac{2}{3} + \frac{1}{5} =$ ⑬ $\frac{1}{10} + \frac{3}{4} =$

④ $\frac{1}{7} + \frac{1}{10} =$ ⑨ $\frac{7}{16} + \frac{3}{8} =$ ⑭ $\frac{2}{7} + \frac{2}{3} =$

⑤ $\frac{1}{8} + \frac{1}{9} =$ ⑩ $\frac{5}{9} + \frac{1}{6} =$ ⑮ $\frac{13}{25} + \frac{2}{5} =$

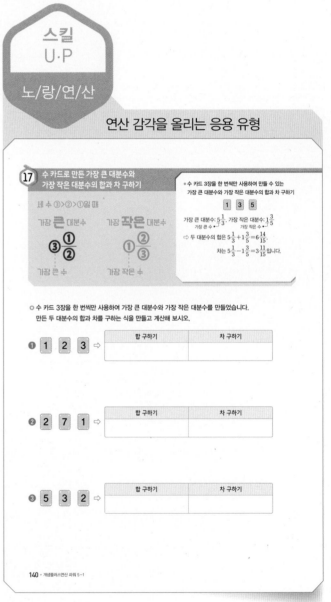

스킬 U·P
노/랑/연/산

연산 감각을 올리는 응용 유형

⑰ 수 카드로 만든 가장 큰 대분수와 가장 작은 대분수의 합과 차 구하기

세 수 ③>②>①일 때

가장 **큰** 대분수   가장 **작은** 대분수

$$\frac{③①}{②} \qquad \frac{①②}{③}$$

가장 큰 수   가장 작은 수

• 수 카드 3장을 한 번씩만 사용하여 만들 수 있는 가장 큰 대분수와 가장 작은 대분수의 합과 차 구하기

| 1 | | 3 | | 5 |

가장 큰 대분수: $5\frac{1}{3}$, 가장 작은 대분수: $1\frac{3}{5}$
가장 큰 수   가장 작은 수

⇨ 두 대분수의 합은 $5\frac{1}{3} + 1\frac{3}{5} = 6\frac{14}{15}$,

차는 $5\frac{1}{3} - 1\frac{3}{5} = 3\frac{11}{15}$입니다.

○ 수 카드 3장을 한 번씩만 사용하여 가장 큰 대분수와 가장 작은 대분수를 만들었습니다. 만든 두 대분수의 합과 차를 구하는 식을 만들고 계산해 보시오.

① | 1 | | 2 | | 3 | ⇨

합 구하기	차 구하기

② | 2 | | 7 | | 1 | ⇨

합 구하기	차 구하기

③ | 5 | | 3 | | 2 | ⇨

합 구하기	차 구하기

개념 + 연산 파워로 응용 연산력을 완성해요!

문장제 P·L·U·S
초/록/연/산

문제해결력을 키우는 연산 문장제 유형

7 덧셈 문장제

성수가 먹은 피자 조각 수: ■
지희가 먹은 피자 조각 수: ▲
성수와 지희가 먹은 피자 조각 수: ■+▲

○ 문제를 읽고 식을 세워 답 구하기
피자를 성수는 $\frac{5}{8}$ 조각, 지희는 $\frac{3}{4}$ 조각 먹었습니다.
성수와 지희가 먹은 피자는 모두 몇 조각입니까?

식 $\frac{5}{8}+\frac{3}{4}=1\frac{3}{8}$

답 $1\frac{3}{8}$ 조각

❶ 노란색 끈의 길이는 $\frac{2}{5}$ m이고, 파란색 끈의 길이는 노란색 끈의 길이보다 $\frac{1}{4}$ m 더 깁니다.

파란색 끈의 길이는 몇 m입니까?

계산 공간

노란색 끈의 길이 □ + 파란색 끈의 길이 □ = □

식 :

답 :

❷ 서연이네 가족이 물을 어제는 $2\frac{1}{2}$ L, 오늘은 $2\frac{2}{3}$ L 마셨습니다.

서연이네 가족이 어제와 오늘 마신 물은 모두 몇 L입니까?

어제 마신 물의 양 □ + 오늘 마신 물의 양 □ = 어제와 오늘 마신 물의 양 □

식 :

답 :

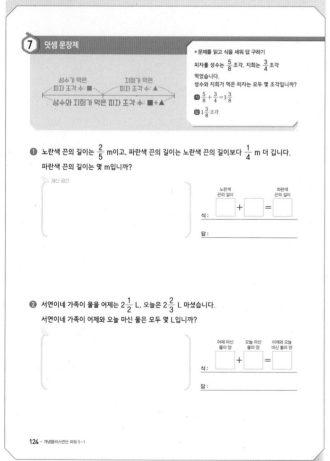

평가

단원별 응용 연산력 평가

평가 5. 분수의 덧셈과 뺄셈

○ 계산을 하여 기약분수로 나타내어 보시오.

1 $\frac{1}{3}+\frac{1}{6}=$

2 $\frac{1}{2}+\frac{3}{11}=$

3 $\frac{9}{10}+\frac{5}{6}=$

4 $\frac{2}{5}+\frac{5}{8}=$

5 $3\frac{1}{7}+2\frac{1}{4}=$

6 $2\frac{2}{3}+1\frac{4}{9}=$

7 $\frac{11}{15}-\frac{3}{5}=$

8 $\frac{7}{8}-\frac{1}{3}=$

9 $5\frac{9}{14}-2\frac{3}{7}=$

10 $3\frac{7}{8}-1\frac{1}{6}=$

11 $4\frac{1}{5}-1\frac{2}{3}=$

12 $6\frac{2}{9}-3\frac{5}{12}=$

13 $\frac{5}{6}+\frac{1}{3}-\frac{7}{10}=$

14 $1\frac{3}{4}-\frac{2}{5}+1\frac{5}{8}=$

✱ 초/록/연/산은 수와 연산 단원에만 있음.

차례

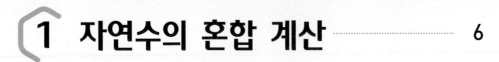

개념﹢연산 **파워** 에서 배울 단원을 확인해요!

1

자연수의 혼합 계산

◆ 맞힌 개수와 걸린 시간을 작성해 보세요.

학습 내용	일 차	맞힌 개수	걸린 시간
⑧ 혼합 계산식에서 ☐ 안에 알맞은 수 구하기	8일 차	/20개	/30분
⑨ 식이 성립하도록 ( )로 묶기			
⑩ 덧셈과 뺄셈이 섞여 있는 문장제	9일 차	/5개	/5분
⑪ 곱셈과 나눗셈이 섞여 있는 문장제	10일 차	/5개	/5분
⑫ 덧셈, 뺄셈, 곱셈이 섞여 있는 문장제	11일 차	/4개	/8분
⑬ 덧셈, 뺄셈, 나눗셈이 섞여 있는 문장제	12일 차	/4개	/6분
⑭ 덧셈, 뺄셈, 곱셈, 나눗셈이 섞여 있는 문장제	13일 차	/3개	/6분
평가 1. 자연수의 혼합 계산	14일 차	/20개	/23분

● 26－5＋11의 계산

$$26-5+11=32$$

① 21
② 32

● 40－(20＋5)의 계산

( )가 있으면 ( ) 안을 먼저 계산합니다.

$$40-(20+5)=15$$

① 25
② 15

덧셈과 뺄셈이 섞여 있는 식은

앞에서부터 차례대로!
( )가 있으면 ( ) 안 먼저!

○ 계산해 보시오.

❶ $15+9-3=$

❷ $46-20+38=$

❸ $67+21-12=$

❹ $89-36+25=$

❺ $127+14-69=$

❻ $20+6-14+7=$

❼ $51-43+24-18=$

❽ $72+16+22-49=$

❾ $92-66+27+13=$

❿ $138+47-39-23=$

⑪ $16-(3+9)=$

⑫ $22-(14+5)=$

⑬ $38-(33+4)=$

⑭ $51-(22+16)=$

⑮ $74-(41+8)=$

⑯ $89-(7+21)=$

⑰ $125-(19+20)=$

⑱ $27-(4+2)+11=$

⑲ $34-(15-3)+7=$

⑳ $53+26-(12+16)=$

㉑ $69-32-(9+18)=$

㉒ $80+26-(27-12)=$

㉓ $100-(39+14)-25=$

㉔ $135+18-(47-35)=$

곱셈과 나눗셈이 섞여 있는 식은
앞에서부터 차례대로!
( )가 있으면 ( ) 안 먼저!

- $36 \div 9 \times 2$의 계산

$$36 \div 9 \times 2 = 8$$
① 4
② 8

- $24 \div (2 \times 4)$의 계산
  - ( )가 있으면 ( ) 안을 먼저 계산합니다.

$$24 \div (2 \times 4) = 3$$
① 8
② 3

○ 계산해 보시오.

❶ $3 \times 8 \div 2 =$

❷ $12 \div 6 \times 14 =$

❸ $42 \times 10 \div 30 =$

❹ $60 \div 12 \times 17 =$

❺ $84 \times 2 \div 8 =$

❻ $16 \div 8 \times 9 \div 2 =$

❼ $35 \times 4 \div 7 \div 5 =$

❽ $44 \div 11 \times 8 \times 2 =$

❾ $72 \times 3 \div 18 \times 6 =$

❿ $96 \div 6 \div 4 \times 17 =$

⑪ $16 \div (2 \times 4) =$

⑫ $36 \div (4 \times 3) =$

⑬ $54 \div (2 \times 3) =$

⑭ $72 \div (3 \times 3) =$

⑮ $78 \div (3 \times 13) =$

⑯ $140 \div (14 \times 2) =$

⑰ $210 \div (15 \times 2) =$

⑱ $6 \times 10 \div (5 \times 3) =$

⑲ $12 \div (3 \times 2) \times 8 =$

⑳ $39 \div (27 \div 9) \times 6 =$

㉑ $51 \times 6 \div (18 \div 2) =$

㉒ $84 \div (45 \div 15) \times 2 =$

㉓ $160 \div (4 \times 10) \div 2 =$

㉔ $264 \div 3 \div (11 \times 4) =$

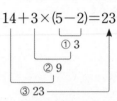

- $12+2\times4-3$의 계산

$$12+2\times4-3=17$$

① 8
② 20
③ 17

- $14+3\times(5-2)$의 계산
  - ( )가 있으면 ( ) 안을 먼저 계산합니다.

$$14+3\times(5-2)=23$$

① 3
② 9
③ 23

덧셈, 뺄셈, 곱셈이 섞여 있는 식은

곱셈을 먼저!
( )가 있으면 ( ) 안 먼저!

○ 계산해 보시오.

① $6+3\times8=$

② $23\times4-10=$

③ $42\times3+27=$

④ $60+4\times5=$

⑤ $96-11\times3=$

⑥ $3\times7+10-18=$

⑦ $48-5\times8+6=$

⑧ $62\times2-33+23=$

⑨ $93+2\times9-46=$

⑩ $102-52+3\times20=$

⑪ $(5+3)\times4=$

⑱ $5\times(8+9)-23=$

⑫ $(12-9)\times7=$

⑲ $(34+10)\times2-19=$

⑬ $32\times(2+4)=$

⑳ $41-(11+6)\times2=$

⑭ $(53+2)\times3=$

㉑ $49+13\times(8-6)=$

⑮ $(69-45)\times8=$

㉒ $57+(10-5)\times3=$

⑯ $(87-63)\times4=$

㉓ $(76-52)\times4+18=$

⑰ $110\times(15-12)=$

㉔ $107-5\times(12+2)=$

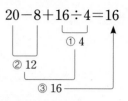

● 20−8+16÷4의 계산

$$20-8+16\div4=16$$

① 4
② 12
③ 16

● 30−(5+10)÷5의 계산

( )가 있으면 ( ) 안을 먼저 계산합니다.

$$30-(5+10)\div5=27$$

① 15
② 3
③ 27

덧셈, 뺄셈, 나눗셈이 섞여 있는 식은

나눗셈을 먼저!
( )가 있으면 ( ) 안 먼저!

○ 계산해 보시오.

❶ $8+10\div2=$

❷ $24\div6+13=$

❸ $48-40\div8=$

❹ $65\div5-12=$

❺ $99+81\div3=$

❻ $38+7-33\div3=$

❼ $52\div4+65-9=$

❽ $66-18+54\div6=$

❾ $84\div7-9+32=$

❿ $116-64\div16+17=$

⑪ $15 \div (7-2) =$

⑫ $21 \div (2+5) =$

⑬ $(32+34) \div 6 =$

⑭ $(54-8) \div 2 =$

⑮ $72 \div (23-15) =$

⑯ $(90+22) \div 4 =$

⑰ $(108-3) \div 15 =$

⑱ $(16+6) \div 2 - 7 =$

⑲ $20 + (17-5) \div 3 =$

⑳ $59 - 108 \div (3+6) =$

㉑ $68 - (13+12) \div 5 =$

㉒ $76 \div 4 - (8+5) =$

㉓ $88 \div (11-3) + 7 =$

㉔ $(125-76) \div 7 + 13 =$

덧셈, 뺄셈, 곱셈, 나눗셈이 섞여 있는 식의 계산

덧셈, 뺄셈, 곱셈, 나눗셈이
섞여 있는 식은
곱셈과 나눗셈을 먼저!
( )가 있으면 ( ) 안 먼저!

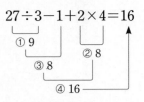

● 27÷3−1+2×4의 계산

● 44÷2−(3+4)×2의 계산

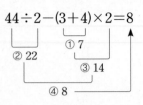

○ 계산해 보시오.

① 4×3−8÷2+5＝

② 11−5+6×6÷9＝

③ 28+4÷2−3×8＝

④ 31×2+50÷5−35＝

⑤ 48÷3−3×4+3＝

⑥ 50+8×5−22÷2＝

⑦ 64+2−15÷5×9＝

⑧ 75+16×2÷8−5＝

⑨ 84÷12+8×4−6＝

⑩ 109−30×2+14÷7＝

⑪ $9 \times 2 - (7+5) \div 3 =$

⑱ $48 \times (5-2) + 24 \div 6 =$

⑫ $12 \div 2 \times (8-5) + 4 =$

⑲ $56 \div 8 \times (4+1) - 22 =$

⑬ $18 + 15 \div (11-6) \times 7 =$

⑳ $(64-56) \div 4 + 3 \times 11 =$

⑭ $25 \div 5 + (11-3) \times 2 =$

㉑ $(68+2) \times 2 - 36 \div 9 =$

⑮ $32 \times 2 - 24 \div (2+6) =$

㉒ $85 + 3 \times (27-15) \div 12 =$

⑯ $39 - (9+5) \div 7 \times 3 =$

㉓ $90 - 21 \div (3+4) \times 5 =$

⑰ $42 + (23-17) \times 5 \div 10 =$

㉔ $119 \div (18-11) \times 4 + 19 =$

( )가 **없는** 식과 **있는** 식은 계산 **결과가 달라**질 수 있어!

● 25−3+7과 25−(3+7)의 계산 결과 비교하기

계산 결과가 다릅니다.

$$25-3+7=29 \qquad 25-(3+7)=15$$

① 22 ② 29 ① 10 ② 15

○ 계산해 보시오.

①
17−5+6
17−(5+6)

⑤
46−4×8+2
46−4×(8+2)

②
24÷6×2
24÷(6×2)

⑥
53+3×7−5
53+3×(7−5)

③
25×2+1−20
25×(2+1)−20

⑦
57−6÷3+11
(57−6)÷3+11

④
32+14−9×3
32+(14−9)×3

⑧
60+24÷12−3
(60+24)÷12−3

9
$$72-3+5\times2$$
$$72-(3+5)\times2$$

14
$$9\times3-6+10\div2$$
$$9\times3-(6+10)\div2$$

10
$$84\div4+3-5$$
$$84\div(4+3)-5$$

15
$$21-15+9\times2\div3$$
$$21-(15+9)\times2\div3$$

11
$$85\times2-12+7$$
$$85\times2-(12+7)$$

16
$$53+5\times8-6\div2$$
$$53+5\times(8-6)\div2$$

12
$$96\div6-2+7$$
$$96\div(6-2)+7$$

17
$$81\div9+6\times15-2$$
$$81\div9+6\times(15-2)$$

13
$$108-35+20\div5$$
$$108-(35+20)\div5$$

18
$$96-32\div8\times7+24$$
$$(96-32)\div8\times7+24$$

7 소괄호 ( ), 중괄호 { }가 있는 식의 계산

( ), { }가 있는 식은

( )→{ } 순서로!

● 24÷{(11−5)×2}의 계산

( ), { }가 있는 식은
'( ) → { } → 곱셈 또는 나눗셈 → 덧셈 또는
뺄셈' 순서로 계산합니다.

$$24÷\{(11−5)×2\}=2$$
① 6
② 12
③ 2

○ 계산해 보시오.

① $4×\{21−(3+7)\}=$

② $\{12−(3+5)\}×3=$

③ $15÷\{6−(15−12)\}=$

④ $21×\{14−(6+5)\}=$

⑤ $33−\{21÷(4+3)\}=$

⑥ $42−\{20−(9+5)\}=$

⑦ $48÷\{(16+6)÷11\}=$

⑧ $63÷\{18−(5+6)\}=$

⑨ $80×\{19−(21−4)\}=$

⑩ $160÷\{(2+2)×5\}=$

⑪ $\{8+(3+3)\times2\}\div4=$

⑱ $\{36-(8+3)\times2\}\div7=$

⑫ $10+18\div\{3\times(5-2)\}=$

⑲ $\{42-(23-16)\}\div7\times6=$

⑬ $14+8\div\{(1+3)\div2\}=$

⑳ $49+3\times\{20-(4+11)\}=$

⑭ $19-\{4\times(6-4)+5\}=$

㉑ $63-\{(2+3)\times5+11\}=$

⑮ $20-\{49\div(6+1)-5\}=$

㉒ $\{77-(5+7)\div2\}\times2=$

⑯ $22+\{28-(17-10)\}\times2=$

㉓ $81\div\{25-4\times(2+2)\}=$

⑰ $\{27\div(15-6)+5\}\times2=$

㉔ $91-\{30\div(3\times2)+4\}=$

식을 간단히 만들기

계산할 수 있는 부분을 먼저 계산해!

⇨

☐의 값 구하기

거꾸로 계산하여 ☐의 값을 구해!

● 혼합 계산식에서 ☐의 값 구하기

$$36 \div (7+2) - \boxed{} = 1$$

$$36 \div (7+2) - \boxed{} = 1$$

① 9
② 4

⇨ $36 \div 9 - \boxed{} = 1$, $4 - \boxed{} = 1$, $\boxed{} = 3$

○ 식이 성립하도록 ☐ 안에 알맞은 수를 써넣으시오.

1 $13 + 5 - \boxed{} = 14$

6 $9 + 7 \times 2 - \boxed{} = 8$

2 $8 - (2 + \boxed{}) = 1$

7 $21 + 16 \div \boxed{} - 5 = 18$

3 $9 \times 4 \div \boxed{} = 18$

8 $24 \div 8 \times \boxed{} + 1 = 7$

4 $25 \div 5 \times \boxed{} = 15$

9 $\boxed{} + (44 - 8) \div 12 = 63$

5 $\boxed{} \div (4 \times 7) = 3$

10 $20 \times 3 \div (10 + \boxed{}) = 4$

9 식이 성립하도록 ( )로 묶기

계산 순서가

바뀔 수 있는 곳을

( )로 묶어!

● 식이 성립하도록 ( )로 묶기

계산 순서가 바뀔 수 있는 곳을 ( )로 묶어서 계산한 후 주어진 식과 계산 결과가 같은 식을 찾습니다.

$$24 \div 2 \times 4 + 2 = 72$$

$24 \div (2 \times 4) + 2 = 24 \div 8 + 2 = 3 + 2 = 5 \ (\times)$

$24 \div 2 \times (4 + 2) = 24 \div 2 \times 6 = 12 \times 6 = 72 \ (\bigcirc)$

○ 식이 성립하도록 ( )로 묶어 보시오.

⑪ $12 \times 6 \div 3 + 6 = 8$

⑯ $9 + 3 + 3 \times 2 - 1 = 20$

⑫ $15 + 21 \div 3 + 4 = 18$

⑰ $4 + 36 - 24 \div 4 \times 2 = 10$

⑬ $9 \div 3 \times 8 - 4 = 12$

⑱ $6 \times 10 - 8 - 2 \div 2 = 57$

⑭ $15 + 3 \div 3 \times 5 = 30$

⑲ $45 \div 5 + 4 \times 6 + 3 = 45$

⑮ $30 - 24 \div 2 + 2 = 24$

⑳ $18 - 12 \div 2 + 4 \times 5 = 8$

문제 파헤치기		식 세우기

문제를 읽고 식을 세워 답 구하기

진아는 색종이를 40장 가지고 있었습니다.
그중에서 친구에게 16장,
동생에게 13장을 주었습니다.
진아에게 남은 색종이는 몇 장입니까?

① 친구와 동생에게 준 색종이 수

식 $40 - (16 + 13) = 11$

② 남은 색종이 수

답 11장

❶ 진아는 색종이를 40장 가지고 있었습니다. 그중에서 친구에게 16장, 동생에게 13장을 주었습니다. ⇨ 친구와 동생에게 준 색종이 수: 16+13

❷ 진아에게 남은 색종이는 몇 장입니까? ⇨ 남은 색종이 수: 40−(16+13)

---

1 나연이네 집에 쿠키가 20개 있었는데 15개를 더 만들었습니다.
그중에서 24개를 먹었다면 남은 쿠키는 몇 개입니까?

문제 파헤치기

나연이네 집에 쿠키가 20개 있었는데 15개를 더 만들었습니다. ⇨

식 세우기

전체 쿠키 수:
20+☐

그중에서 24개를 먹었다면 남은 쿠키는 몇 개입니까? ⇨

남은 쿠키 수:
20+☐−☐

답 :

---

2 효주네 반 학생은 23명입니다. 그중에서 남학생 6명과 여학생 8명이
줄넘기를 하고 있다면 줄넘기를 하고 있지 않은 학생은 몇 명입니까?

문제 파헤치기

효주네 반 학생은 23명입니다. 그중에서 남학생 6명과 여학생 8명이 줄넘기를 하고 있다면 ⇨

식 세우기

줄넘기를 하고 있는
학생 수: 6+☐

줄넘기를 하고 있지 않은 학생은 몇 명입니까? ⇨

줄넘기를 하고 있지 않은
학생 수:
☐−(6+☐)

답 :

❸ 준수의 나이는 12살입니다. 동생의 나이는 준수보다 4살이 더 적고,
어머니의 나이는 동생보다 29살이 더 많습니다. 어머니의 나이는 몇 살인지
하나의 식으로 나타내고 답을 구해 보시오.

✎ 계산 공간

식 : _____

답 : _____

❹ 현수네 반 학급 문고에는 위인전이 48권, 동화책이 26권 있었습니다.
그중에서 35권을 친구들이 빌려 갔습니다.
남은 책은 몇 권인지 하나의 식으로 나타내고 답을 구해 보시오.

식 : _____

답 : _____

❺ 민지는 5000원을 내고 1700원짜리 수첩과 2500원짜리 필통을 샀습니다.
민지는 거스름돈으로 얼마를 받아야 하는지 하나의 식으로 나타내고 답을 구해 보시오.

식 : _____

답 : _____

11 곱셈과 나눗셈이 섞여 있는 문장제

문제 파헤치기

1 토끼 한 마리가 하루에 당근을 3개씩 먹는다고 합니다. 토끼 14마리가

2 당근 210개를 며칠 동안 먹을 수 있습니까?

식 세우기

토끼 14마리가 하루에 먹는 당근 수:
3×14

당근 210개를 먹는 데 걸리는 날수:
210÷(3×14)

● 문제를 읽고 식을 세워 답 구하기

토끼 한 마리가 하루에 당근을 3개씩 먹는다고 합니다.
토끼 14마리가 당근 210개를 며칠 동안 먹을 수 있습니까?

① 토끼 14마리가 하루에 먹는 당근 수

식 210÷(3×14)=5

② 당근 210개를 먹는 데 걸리는 날수

답 5일

---

1 서진이네 반 학생 24명이 한 모둠에 6명씩 나누어 앉았습니다.
한 모둠에 수수깡을 12개씩 나누어 주려면 필요한 수수깡은 모두 몇 개입니까?

문제 파헤치기

서진이네 반 학생 24명이 한 모둠에 6명씩 나누어 앉았습니다.

한 모둠에 수수깡을 12개씩 나누어 주려면 필요한 수수깡은 모두 몇 개입니까?

식 세우기

모둠 수:

24÷ ☐

필요한 수수깡 수:

24÷ ☐ × ☐

답 :

---

2 한 사람이 한 시간에 종이학을 5개씩 만들 수 있다고 합니다.
8명이 종이학 160개를 만들려면 몇 시간이 걸립니까?

문제 파헤치기

한 사람이 한 시간에 종이학을 5개씩 만들 수 있다고 합니다. 8명이

종이학 160개를 만들려면 몇 시간이 걸립니까?

식 세우기

8명이 한 시간에 만들 수 있는 종이학 수:

5× ☐

종이학 160개를 만드는 데 걸리는 시간:

☐ ÷(5× ☐)

답 :

③ 연우는 초콜릿을 한 판에 32개씩 3판 만들어서 남김없이
4상자에 똑같이 나누어 담았습니다. 한 상자에 들어 있는 초콜릿은 몇 개인지
하나의 식으로 나타내고 답을 구해 보시오.

✎ 계산 공간

식 :

답 :

④ 귤이 한 상자에 60개씩 3상자 있습니다.
이 귤을 5일 동안 똑같이 나누어 먹으려면 하루에 몇 개씩 먹으면 되는지
하나의 식으로 나타내고 답을 구해 보시오.

식 :

답 :

⑤ 기계 한 대가 하루에 자전거를 13대 만들 수 있다고 합니다.
기계 4대가 자전거 104대를 만들려면 며칠이 걸리는지
하나의 식으로 나타내고 답을 구해 보시오.

식 :

답 :

12 덧셈, 뺄셈, 곱셈이 섞여 있는 문장제

문제 파헤치기

① 토마토가 21개 있었습니다. 그중에서 남학생 2명과 여학생 3명이

식 세우기

전체 학생 수: 2+3

② 각각 4개씩 먹었습니다.

전체 학생이 먹은 토마토 수: (2+3)×4

③ 남은 토마토는 몇 개입니까?

남은 토마토 수: 21−(2+3)×4

● 문제를 읽고 식을 세워 답 구하기

토마토가 21개 있었습니다.
그중에서 남학생 2명과 여학생 3명이 각각 4개씩 먹었습니다.
남은 토마토는 몇 개입니까?

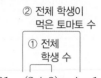

② 전체 학생이 먹은 토마토 수
① 전체 학생 수

식 21−(2+3)×4=1
③ 남은 토마토 수

답 1개

---

① 초콜릿을 성우가 15개 가지고 있었는데 선생님께 10개를 더 받았습니다.
이 초콜릿을 한 명에게 3개씩 7명의 친구들에게 나누어 주었다면
남은 초콜릿은 몇 개입니까?

문제 파헤치기

초콜릿을 성우가 15개 가지고 있었는데 선생님께 10개를 더 받았습니다.

이 초콜릿을 한 명에게 3개씩 7명의 친구들에게 나누어 주었다면

남은 초콜릿은 몇 개입니까?

식 세우기

가지고 있는 초콜릿 수:
15+□

나누어 준 초콜릿 수:
3×□

남은 초콜릿 수:
15+□−3×□

답 : _____

② 하은이네 반 학생은 21명입니다. 하은이네 반 학생이 6명씩 3모둠으로 나누어 배구를 하고, 배구를 하지 않는 나머지 학생들은 다른 반 학생 4명과 함께 응원했습니다. 응원한 학생은 모두 몇 명인지 하나의 식으로 나타내고 답을 구해 보시오.

✎ 계산 공간

식 : _____

답 : _____

③ 주아네 집에 감자가 30개 있었는데 고모께서 한 봉지에 7개씩 담긴 감자를 2봉지 더 주셨습니다. 그중에서 28개를 먹었다면 남은 감자는 몇 개인지 하나의 식으로 나타내고 답을 구해 보시오.

식 : _____

답 : _____

④ 도화지가 36장 있었습니다. 그중에서 남학생 8명과 여학생 6명이 각각 2장씩 가졌습니다. 남은 도화지는 몇 장인지 하나의 식으로 나타내고 답을 구해 보시오.

식 : _____

답 : _____

덧셈, 뺄셈, 나눗셈이 섞여 있는 문장제

문제 파헤치기

❶ 서우가 농장에서 귤 34개를 따서 9개를 먹었습니다. 남은 귤은

❷ 5봉지에 똑같이 나누어 담은 후 그중 한 봉지를 집에 가져왔습니다.

❸ 서우네 집에 귤이 14개 있었다면 지금 집에 있는 귤은 몇 개입니까?

식 세우기

딴 귤 중 먹고 남은 귤의 수:
34−9

집으로 가져온 귤의 수:
(34−9)÷5

집에 있는 귤의 수:
(34−9)÷5+14

● 문제를 읽고 식을 세워 답 구하기

서우가 농장에서 귤 34개를 따서 9개를 먹었습니다.
남은 귤은 5봉지에 똑같이 나누어 담은 후 그중 한 봉지를 집에 가져왔습니다.
서우네 집에 귤이 14개 있었다면 지금 집에 있는 귤은 몇 개입니까?

② 집으로 가져온 귤의 수
① 딴 귤 중 먹고 남은 귤의 수

식 $(34-9)÷5+14=19$
③ 집에 있는 귤의 수

답 19개

---

❶ 유하는 사과 28개를 4봉지에 똑같이 나누어 담은 것 중 한 봉지를 가지고 있었습니다.
그중에서 2개를 먹고 친구에게 5개를 더 받았습니다.
유하가 가지고 있는 사과는 몇 개입니까?

문제 파헤치기

유하는 사과 28개를 4봉지에 똑같이 나누어 담은 것 중 한 봉지를 가지고 있었습니다.

그중에서 2개를 먹고

친구에게 5개를 더 받았습니다. 유하가 가지고 있는 사과는 몇 개입니까?

식 세우기

가지고 있던 사과 수:
$28÷\boxed{}$

먹고 남은 사과 수:
$28÷\boxed{}-2$

가지고 있는 사과 수:
$28÷\boxed{}-2+\boxed{}$

답 :

2 일정한 빠르기로 지아는 1시간 동안 5 km, 건우는 2시간 동안 4 km, 시호는 1시간 동안 3 km를 갔습니다. 지아와 건우가 1시간 동안 간 거리의 합은 시호가 1시간 동안 간 거리보다 몇 km 더 먼지 하나의 식으로 나타내고 답을 구해 보시오.

✎ 계산 공간

식 : _____

답 : _____

3 문수는 가지고 있던 색종이 51장 중 24장을 사용하였습니다. 친구가 문수에게 색종이 42장을 똑같이 7묶음으로 나눈 것 중의 한 묶음을 주었습니다. 문수가 가지고 있는 색종이는 몇 장인지 하나의 식으로 나타내고 답을 구해 보시오.

식 : _____

답 : _____

4 무 1개는 2000원, 당근 1개는 600원, 부추 3단은 2700원입니다. 무 1개의 값은 당근 1개와 부추 1단을 같이 산 값보다 얼마나 더 비싼지 하나의 식으로 나타내고 답을 구해 보시오.

식 : _____

답 : _____

문제 파헤치기

❶ 가게에서 수건 300장을 3일 동안 방문객에게 매일 똑같은 수만큼 나누어 주려고 합니다.

❷ 첫날 오전에 남자 10명과 여자 15명에게 수건을 2장씩 나누어 주었습니다.

❸ 첫날 오후에 나누어 줄 수 있는 수건은 몇 장입니까?

식 세우기

하루에 나누어 주려는 수건 수:
$300 \div 3$

⇨

첫날 오전에 나누어 준 수건 수:
$(10+15) \times 2$
사람 수

⇨

첫날 오후에 나누어 줄 수 있는 수건 수:
$300 \div 3 - (10+15) \times 2$

● 문제를 읽고 식을 세워 답 구하기

가게에서 수건 300장을 3일 동안 방문객에게 매일 똑같은 수만큼 나누어 주려고 합니다.
첫날 오전에 남자 10명과 여자 15명에게 수건을 2장씩 나누어 주었습니다.
첫날 오후에 나누어 줄 수 있는 수건은 몇 장입니까?

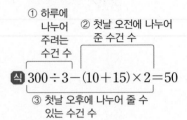

식 $300 \div 3 - (10+15) \times 2 = 50$
③ 첫날 오후에 나누어 줄 수 있는 수건 수

답 50장

---

❶ 상수는 한 상자에 4개씩 들어 있는 지우개 5상자를 똑같이 2묶음으로 나누어 한 묶음을 가졌습니다. 그중에서 3개를 동생에게 주고 2개를 형에게 받았다면 상수가 가지고 있는 지우개는 몇 개입니까?

문제 파헤치기

상수는 한 상자에 4개씩 들어 있는 지우개 5상자를

⇨

똑같이 2묶음으로 나누어 한 묶음을 가졌습니다.

⇨

그중에서 3개를 동생에게 주고

⇨

2개를 형에게 받았다면 상수가 가지고 있는 지우개는 몇 개입니까?

⇨

식 세우기

전체 지우개 수:
$4 \times \boxed{}$

상수가 가진 지우개 수:
$4 \times \boxed{} \div 2$

동생에게 주고 남은 지우개 수:
$4 \times \boxed{} \div 2 - \boxed{}$

상수가 가지고 있는 지우개 수:
$4 \times \boxed{} \div 2 - \boxed{} + 2$

답 :

② 사과 맛 사탕은 한 봉지에 9개씩 4봉지 있고,
포도 맛 사탕은 56개를 똑같이 8묶음으로 나눈 것 중의 한 묶음이 있습니다.
그중에서 20개를 먹었다면 남은 사탕은 몇 개인지
하나의 식으로 나타내고 답을 구해 보시오.

✎ 계산 공간

식 : _____

답 : _____

③ 버섯볶음 4인분을 만들려고 합니다. 10000원으로 필요한 채소를 사고
남은 돈이 얼마인지 하나의 식으로 나타내고 답을 구해 보시오.

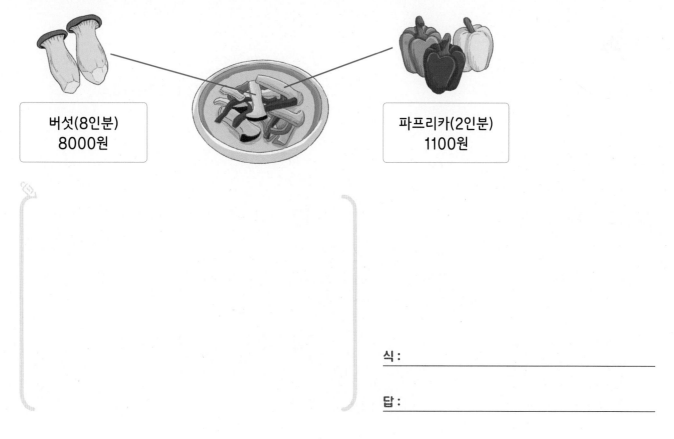

버섯(8인분)
8000원

파프리카(2인분)
1100원

식 : _____

답 : _____

○ 계산해 보시오.

1    $7+29-35=$

2    $23-(12+8)=$

3    $15\times4\div5=$

4    $72\div9\times10=$

5    $48\div(6\times2)=$

6    $17+9\times3-31=$

7    $4\times(26-15)+9=$

8    $94-(7+3)\times5=$

9    $37-24+81\div3=$

10    $12+96\div4-7=$

11    $22+64\div(32-24)=$

12    $35-13\times2+42\div14=$

13    $58-51\div(9+8)\times11=$

14    $19+(14-5)\div3\times6=$

15 식이 성립하도록 ☐ 안에 알맞은 수를 써 넣으시오.

$$55-(\boxed{}+32)=6$$

16 상호는 5000원을 내고 2000원짜리 김밥과 1500원짜리 음료수를 샀습니다. 상호는 거스름돈으로 얼마를 받아야 하는지 하나의 식으로 나타내고 답을 구해 보시오.

식 _____

답 _____

17 한 사람이 한 시간에 종이꽃을 7개씩 만들 수 있다고 합니다. 4명이 종이꽃 140개를 만들려면 몇 시간이 걸리는지 하나의 식으로 나타내고 답을 구해 보시오.

식 _____

답 _____

18 초콜릿이 40개 있었습니다. 그중에서 남학생 3명과 여학생 3명이 각각 6개씩 먹었습니다. 남은 초콜릿은 몇 개인지 하나의 식으로 나타내고 답을 구해 보시오.

식 _____

답 _____

19 사과 1개는 1300원, 귤 5개는 4000원, 배 1개는 1800원입니다. 사과 1개와 귤 1개를 같이 산 값은 배 1개의 값보다 얼마나 더 비싼지 하나의 식으로 나타내고 답을 구해 보시오.

식 _____

답 _____

20 채아는 한 상자에 6개씩 들어 있는 빵 3상자를 똑같이 2묶음으로 나누어 한 묶음을 가졌습니다. 그중에서 4개를 먹고 1개를 엄마에게 받았다면 채아가 가지고 있는 빵은 몇 개인지 하나의 식으로 나타내고 답을 구해 보시오.

식 _____

답 _____

2

약수와 배수

◆ 맞힌 개수와 걸린 시간을 작성해 보세요.

학습 내용	일 차	맞힌 개수	걸린 시간
⑫ 2, 3, 4의 배수 판정법	11일 차	/16개	/12분
⑬ 5, 6, 9의 배수 판정법			
⑭ 최대공약수로 공약수 구하기	12일 차	/8개	/6분
⑮ 최소공배수로 공배수 구하기			
⑯ ■와 ▲를 모두 나누어떨어지게 하는 어떤 수 중 가장 큰 수 구하기	13일 차	/8개	/8분
⑰ 두 수로 나누어떨어지는 수 중 가장 작은 수 구하기			
⑱ 남김없이 똑같이 나누기	14일 차	/5개	/8분
⑲ 일정한 간격으로 출발할 때 출발하는 시각 구하기	15일 차	/5개	/8분
⑳ 최대공약수 문장제	16일 차	/5개	/8분
㉑ 최소공배수 문장제	17일 차	/5개	/8분
평가 2. 약수와 배수	18일 차	/16개	/20분

1 약수

어떤 수를 나누어떨어지게 하는 수 → 약수

● 약수

4의 **약수**: 4를 나누어떨어지게 하는 수

| $4 \div 1 = 4$ | $4 \div 2 = 2$ | $4 \div 4 = 1$ |

⇨ 4의 약수: 1, 2, 4

참고 • 어떤 수의 약수 중에서 가장 작은 수는 1입니다.
  • 어떤 수의 약수 중에서 가장 큰 수는 어떤 수 자신
  입니다.

○ 약수를 모두 구해 보시오.

① 6의 약수

⇨ _____

② 7의 약수

⇨ _____

③ 8의 약수

⇨ _____

④ 10의 약수

⇨ _____

⑤ 14의 약수

⇨ _____

⑥ 15의 약수

⇨ _____

⑦ 19의 약수

⇨ _____

⑧ 21의 약수

⇨ _____

⑨ 24의 약수

⇨ _____

⑩ 27의 약수

⇨ _____

⑪ 30의 약수

⇨ _____

⑫ 32의 약수

⇨ _____

⑬ 36의 약수

⇨ _____

⑭ 38의 약수

⇨ _____

⑮ 45의 약수

⇨ _____

⑯ 49의 약수

⇨ _____

⑰ 51의 약수

⇨ _____

⑱ 56의 약수

⇨ _____

⑲ 63의 약수

⇨ _____

⑳ 72의 약수

⇨ _____

● 배수

3의 **배수**: 3을 1배, 2배, 3배…… 한 수

3을 1배 한 수	⇨ 3×1=3
3을 2배 한 수	⇨ 3×2=6
3을 3배 한 수	⇨ 3×3=9
⋮	⋮

⇨ 3의 배수: 3, 6, 9……

참고 • 어떤 수의 배수는 셀 수 없이 많습니다.
• 어떤 수의 배수 중에서 가장 작은 수는 어떤 수 자신입니다.

어떤 수를
1배, 2배, 3배……한 수

→ 배수

○ 배수를 가장 작은 수부터 4개 써 보시오.

❶ 5의 배수

⇨ _____

❷ 6의 배수

⇨ _____

❸ 7의 배수

⇨ _____

❹ 9의 배수

⇨ _____

❺ 11의 배수

⇨ _____

❻ 13의 배수

⇨ _____

❼ 17의 배수

⇨ _____

❽ 20의 배수

⇨ _____

⑨ 22의 배수

⇨ _____

⑩ 28의 배수

⇨ _____

⑪ 31의 배수

⇨ _____

⑫ 34의 배수

⇨ _____

⑬ 39의 배수

⇨ _____

⑭ 45의 배수

⇨ _____

⑮ 46의 배수

⇨ _____ 2. 약수와 배수 • 41

⑯ 50의 배수

⇨ _____

⑰ 53의 배수

⇨ _____

⑱ 57의 배수

⇨ _____

⑲ 62의 배수

⇨ _____

⑳ 71의 배수

⇨ _____

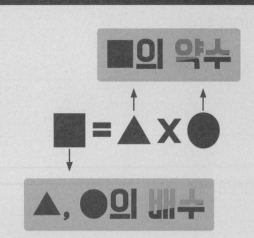

● 곱을 이용하여 약수와 배수의 관계 알아보기

$$6 = 1 \times 6 \qquad 6 = 2 \times 3$$

⇨ ┌ 6은 1, 2, 3, 6의 배수입니다.
　└ 1, 2, 3, 6은 6의 약수입니다.

참고 큰 수를 작은 수로 나누었을 때 나누어떨어지면
　　두 수는 약수와 배수의 관계입니다.
　　$6 \div 2 = 3$
　　⇨ 2는 6의 약수이고, 6은 2의 배수입니다.

○ 두 수가 약수와 배수의 관계이면 ○표, 아니면 ×표 하시오.

❶ | 3 | 9 |
　(　　　　)

❷ | 10 | 4 |
　(　　　　)

❸ | 14 | 2 |
　(　　　　)

❹ | 6 | 15 |
　(　　　　)

❺ | 16 | 3 |
　(　　　　)

❻ | 11 | 22 |
　(　　　　)

❼ | 8 | 26 |
　(　　　　)

❽ | 32 | 18 |
　(　　　　)

⑨ | 34 | 17 |

(   )

⑩ | 12 | 36 |

(   )

⑪ | 15 | 40 |

(   )

⑫ | 42 | 7 |

(   )

⑬ | 9 | 45 |

(   )

⑭ | 48 | 14 |

(   )

⑮ | 13 | 52 |

(   )

⑯ | 55 | 25 |

(   )

⑰ | 18 | 56 |

(   )

⑱ | 60 | 12 |

(   )

⑲ | 63 | 27 |

(   )

⑳ | 20 | 80 |

(   )

4 공약수, 최대공약수

<■의 약수>

공통된 약수

<▲의 약수>

공약수 ──가장 큰 수──▶ 최대공약수

- 공약수, 최대공약수
- **공약수**: 공통된 약수
- **최대공약수**: 공약수 중에서 가장 큰 수

예 4와 10의 공약수와 최대공약수 구하기
  - 4의 약수 : 1, 2, 4
  - 10의 약수: 1, 2, 5, 10
  ⇨ 4와 10의 공약수: 1, 2
     4와 10의 최대공약수: 2

참고 두 수의 공약수에는 항상 1이 포함됩니다.

○ 두 수의 약수를 구한 후, 공약수와 최대공약수를 찾아 써 보시오.

① | 6   18

6의 약수 : _____

18의 약수: _____

⇨ 공약수: _____

최대공약수: _____

③ | 15   27

15의 약수: _____

27의 약수: _____

⇨ 공약수: _____

최대공약수: _____

② | 9   21

9의 약수 : _____

21의 약수: _____

⇨ 공약수: _____

최대공약수: _____

④ | 20   25

20의 약수: _____

25의 약수: _____

⇨ 공약수: _____

최대공약수: _____

⑤ 24   30

┌ 24의 약수 : _____
└ 30의 약수 : _____

⇨   공약수 : _____

   최대공약수 : _____

⑧ 44   26

┌ 44의 약수 : _____
└ 26의 약수 : _____

⇨   공약수 : _____

   최대공약수 : _____

⑥ 28   36

┌ 28의 약수 : _____
└ 36의 약수 : _____

⇨   공약수 : _____

   최대공약수 : _____

⑨ 48   32

┌ 48의 약수 : _____
└ 32의 약수 : _____

⇨   공약수 : _____

   최대공약수 : _____

⑦ 35   14

┌ 35의 약수 : _____
└ 14의 약수 : _____

⇨   공약수 : _____

   최대공약수 : _____

⑩ 56   42

┌ 56의 약수 : _____
└ 42의 약수 : _____

⇨   공약수 : _____

   최대공약수 : _____

곱셈식을 이용하여 최대공약수 구하기

두 수를 여러 수의 곱으로
나타낸 곱셈식에서
공통인 수만 곱해!

- 곱셈식을 이용하여 최대공약수를 구하는 방법

예 30과 42의 최대공약수 구하기

$$30 = 2 \times 3 \times 5$$
$$42 = 2 \times 3 \times 7$$

$$2 \times 3 = 6 \Rightarrow 30과 42의 최대공약수$$

공통인 수

○ 두 수를 각각 여러 수의 곱으로 나타내고 최대공약수를 구해 보시오.

① | 9   12 |

$$9 = \underline{\hspace{6cm}}$$
$$12 = \underline{\hspace{6cm}}$$

⇨ 9와 12의 최대공약수: _____

② | 10   16 |

$$10 = \underline{\hspace{6cm}}$$
$$16 = \underline{\hspace{6cm}}$$

⇨ 10과 16의 최대공약수: _____

③ | 14   21 |

$$14 = \underline{\hspace{6cm}}$$
$$21 = \underline{\hspace{6cm}}$$

⇨ 14와 21의 최대공약수: _____

④ | 18   24 |

$$18 = \underline{\hspace{6cm}}$$
$$24 = \underline{\hspace{6cm}}$$

⇨ 18과 24의 최대공약수: _____

⑤ | 22   33 |

$$22 = \underline{\hspace{6cm}}$$
$$33 = \underline{\hspace{6cm}}$$

⇨ 22와 33의 최대공약수: _____

⑥ | 25   40 |

$$25 = \underline{\hspace{6cm}}$$
$$40 = \underline{\hspace{6cm}}$$

⇨ 25와 40의 최대공약수: _____

❼

26	39

26 = _____

39 = _____

⇨ 26과 39의 최대공약수: _____

❽

27	36

27 = _____

36 = _____

⇨ 27과 36의 최대공약수: _____

❾

34	51

34 = _____

51 = _____

⇨ 34와 51의 최대공약수: _____

❿

42	63

42 = _____

63 = _____

⇨ 42와 63의 최대공약수: _____

⓫

48	56

48 = _____

56 = _____

⇨ 48과 56의 최대공약수: _____

⓬

54	18

54 = _____

18 = _____

⇨ 54와 18의 최대공약수: _____

⓭

60	72

60 = _____

72 = _____

⇨ 60과 72의 최대공약수: _____

⓮

81	45

81 = _____

45 = _____

⇨ 81과 45의 최대공약수: _____

공약수로 두 수를 1 이외의 공약수가 없을 때까지 나눈 후 나눈 공약수를 곱해!

● 공약수를 이용하여 최대공약수를 구하는 방법

예 30과 42의 최대공약수 구하기

```
30과 42의 공약수 ─ 2 ) 30   42
15와 21의 공약수 ─ 3 ) 15   21
                       5    7
```

$2 \times 3 = 6 \Rightarrow$ 30과 42의 최대공약수

○ 두 수를 공약수로 나누어 보고 최대공약수를 구해 보시오.

❶   ) 6   9

⇨ 6과 9의 최대공약수: _____

❷   ) 8   14

⇨ 8과 14의 최대공약수: _____

❸   ) 15   20

⇨ 15와 20의 최대공약수: _____

❹   ) 21   35

⇨ 21과 35의 최대공약수: _____

❺   ) 27   18

⇨ 27과 18의 최대공약수: _____

❻   ) 32   36

⇨ 32와 36의 최대공약수: _____

⑦ $)\overline{4032}$

⇨ 40과 32의 최대공약수: _____

⑧ $)\overline{4563}$

⇨ 45와 63의 최대공약수: _____

⑨ $)\overline{5244}$

⇨ 52와 44의 최대공약수: _____

⑩ $)\overline{6448}$

⇨ 64와 48의 최대공약수: _____

⑪ $)\overline{7254}$

⇨ 72와 54의 최대공약수: _____

⑫ $)\overline{8460}$

⇨ 84와 60의 최대공약수: _____

⑬ $)\overline{9070}$

⇨ 90과 70의 최대공약수: _____

⑭ $)\overline{9672}$

⇨ 96과 72의 최대공약수: _____

7 공배수, 최소공배수

<■의 배수>
<▲의 배수>

공통된 배수

공배수 가장 작은 수 → 최소공배수

- 공배수, 최소공배수
- **공배수**: 공통된 배수
- **최소공배수**: 공배수 중에서 가장 작은 수
- 예 4와 6의 공배수와 최소공배수 구하기
  - 4의 배수: 4, 8, 12, 16, 20, 24……
  - 6의 배수: 6, 12, 18, 24, 30……
  - ⇨ 4와 6의 공배수: 12, 24……
    - 4와 6의 최소공배수: 12

○ 두 수의 배수를 구한 후, 공배수와 최소공배수를 찾아 써 보시오.
(단, 배수는 가장 작은 수부터 5개, 공배수는 가장 작은 수부터 2개만 씁니다.)

① 3   5

3의 배수: _____
5의 배수: _____
⇨ 공배수: _____
최소공배수: _____

③ 6   15

6의 배수 : _____
15의 배수: _____
⇨ 공배수: _____
최소공배수: _____

② 4   10

4의 배수 : _____
10의 배수: _____
⇨ 공배수: _____
최소공배수: _____

④ 7   14

7의 배수 : _____
14의 배수: _____
⇨ 공배수: _____
최소공배수: _____

⑤ [8   12]

- 8의 배수 : _____
- 12의 배수: _____
⇨   공배수: _____
    최소공배수: _____

⑥ [9   21]

- 9의 배수 : _____
- 21의 배수: _____
⇨   공배수: _____
    최소공배수: _____

⑦ [11   22]

- 11의 배수 : _____
- 22의 배수: _____
⇨   공배수: _____
    최소공배수: _____

⑧ [16   24]

- 16의 배수 : _____
- 24의 배수: _____
⇨   공배수: _____
    최소공배수: _____

⑨ [20   15]

- 20의 배수: _____
- 15의 배수 : _____
⇨   공배수: _____
    최소공배수: _____

⑩ [27   18]

- 27의 배수: _____
- 18의 배수 : _____
⇨   공배수: _____
    최소공배수: _____

곱셈식을 이용하여 최소공배수 구하기

● 곱셈식을 이용하여 최소공배수를 구하는 방법

예 24와 30의 최소공배수 구하기

$$24 = \boxed{2 \times 3} \times 4$$
$$30 = \boxed{2 \times 3} \times 5$$

$$\underbrace{2 \times 3}_{\text{공통인 수}} \times \underbrace{4 \times 5}_{\text{남은 수}} = 120 \Rightarrow 24와 30의 최소공배수$$

두 수를 여러 수의 곱으로 나타낸 곱셈식에서 **공통인 수와 남은 수를 곱해!**

○ 두 수를 각각 여러 수의 곱으로 나타내고 최소공배수를 구해 보시오.

1 | 8   20 |

$$8 = \underline{\hspace{5cm}}$$
$$20 = \underline{\hspace{5cm}}$$

⇨ 8과 20의 최소공배수: _____

2 | 12   18 |

$$12 = \underline{\hspace{5cm}}$$
$$18 = \underline{\hspace{5cm}}$$

⇨ 12와 18의 최소공배수: _____

3 | 14   6 |

$$14 = \underline{\hspace{5cm}}$$
$$6 = \underline{\hspace{5cm}}$$

⇨ 14와 6의 최소공배수: _____

4 | 15   25 |

$$15 = \underline{\hspace{5cm}}$$
$$25 = \underline{\hspace{5cm}}$$

⇨ 15와 25의 최소공배수: _____

5 | 21   42 |

$$21 = \underline{\hspace{5cm}}$$
$$42 = \underline{\hspace{5cm}}$$

⇨ 21과 42의 최소공배수: _____

6 | 24   36 |

$$24 = \underline{\hspace{5cm}}$$
$$36 = \underline{\hspace{5cm}}$$

⇨ 24와 36의 최소공배수: _____

❼ 　39　　52

　　39＝＿＿＿＿＿＿＿＿＿＿＿

　　52＝＿＿＿＿＿＿＿＿＿＿＿

⇨ 39와 52의 최소공배수: ＿＿＿＿＿

❽ 　40　　16

　　40＝＿＿＿＿＿＿＿＿＿＿＿

　　16＝＿＿＿＿＿＿＿＿＿＿＿

⇨ 40과 16의 최소공배수: ＿＿＿＿＿

❾ 　44　　33

　　44＝＿＿＿＿＿＿＿＿＿＿＿

　　33＝＿＿＿＿＿＿＿＿＿＿＿

⇨ 44와 33의 최소공배수: ＿＿＿＿＿

❿ 　48　　30

　　48＝＿＿＿＿＿＿＿＿＿＿＿

　　30＝＿＿＿＿＿＿＿＿＿＿＿

⇨ 48과 30의 최소공배수: ＿＿＿＿＿

⓫ 　56　　32

　　56＝＿＿＿＿＿＿＿＿＿＿＿

　　32＝＿＿＿＿＿＿＿＿＿＿＿

⇨ 56과 32의 최소공배수: ＿＿＿＿＿

⓬ 　60　　80

　　60＝＿＿＿＿＿＿＿＿＿＿＿

　　80＝＿＿＿＿＿＿＿＿＿＿＿

⇨ 60과 80의 최소공배수: ＿＿＿＿＿

⓭ 　72　　54

　　72＝＿＿＿＿＿＿＿＿＿＿＿

　　54＝＿＿＿＿＿＿＿＿＿＿＿

⇨ 72와 54의 최소공배수: ＿＿＿＿＿

⓮ 　96　　64

　　96＝＿＿＿＿＿＿＿＿＿＿＿

　　64＝＿＿＿＿＿＿＿＿＿＿＿

⇨ 96과 64의 최소공배수: ＿＿＿＿＿

공약수로 두 수를 1 이외의
공약수가 없을 때까지 나눈 후
나눈 공약수와
남은 수를 곱해!

● 공약수를 이용하여 최소공배수를 구하는 방법

예 24와 30의 최소공배수 구하기

24와 30의 공약수 ─ $2\,)\,\underline{24\quad 30}$
12와 15의 공약수 ─ $3\,)\,\underline{12\quad 15}$
$4\quad\ \ 5$

$2\times3\times4\times5=120 \Rightarrow$ 24와 30의 최소공배수

○ 두 수를 공약수로 나누어 보고 최소공배수를 구해 보시오.

① $)\,4\quad 14$

⇨ 4와 14의 최소공배수: _____

② $)\,9\quad 15$

⇨ 9와 15의 최소공배수: _____

③ $)\,10\quad 6$

⇨ 10과 6의 최소공배수: _____

④ $)\,18\quad 16$

⇨ 18과 16의 최소공배수: _____

⑤ $)\,20\quad 12$

⇨ 20과 12의 최소공배수: _____

⑥ $)\,25\quad 75$

⇨ 25와 75의 최소공배수: _____

❼ $\overline{) \ 28 \quad 42}$

⇨ 28과 42의 최소공배수: _____

❽ $\overline{) \ 30 \quad 18}$

⇨ 30과 18의 최소공배수: _____

❾ $\overline{) \ 54 \quad 36}$

⇨ 54와 36의 최소공배수: _____

❿ $\overline{) \ 64 \quad 80}$

⇨ 64와 80의 최소공배수: _____

⑪ $\overline{) \ 72 \quad 40}$

⇨ 72와 40의 최소공배수: _____

⑫ $\overline{) \ 78 \quad 52}$

⇨ 78과 52의 최소공배수: _____

⑬ $\overline{) \ 84 \quad 56}$

⇨ 84와 56의 최소공배수: _____

⑭ $\overline{) \ 96 \quad 24}$

⇨ 96과 24의 최소공배수: _____

주어진 수가 ☐의 배수일 때, ☐ 구하기

■가 ▲의 **배수**이면

▲는 ■의 **약수**

● 왼쪽 수가 오른쪽 수의 배수일 때, ☐ 안에 들어갈 수 있는 수 구하기

12는 ☐의 배수

| 12 | ☐ |

☐는 12의 약수: 1, 2, 3, 4, 6, 12

⇨ ☐ 안에 들어갈 수 있는 수는 1, 2, 3, 4, 6, 12입니다.

○ 왼쪽 수가 오른쪽 수의 배수일 때, ☐ 안에 들어갈 수 있는 수를 모두 구해 보시오.

① | 4 | ☐ |

( )

⑤ | 42 | ☐ |

( )

② | 15 | ☐ |

( )

⑥ | 48 | ☐ |

( )

③ | 20 | ☐ |

( )

⑦ | 54 | ☐ |

( )

④ | 33 | ☐ |

( )

⑧ | 64 | ☐ |

( )

11 주어진 수가 □의 약수일 때, □ 구하기

■가 ▲의 **약수**이면

■ ▲

▲는 ■의 **배수**

● 왼쪽 수가 오른쪽 수의 약수일 때, □ 안에 들어갈 수 있는 수를 가장 작은 수부터 3개 구하기

7은 □의 약수

7 □

□는 7의 배수: 7, 14, 21, 28……

⇨ □ 안에 들어갈 수 있는 수를 가장 작은 수부터 3개 구하면 7, 14, 21입니다.

○ 왼쪽 수가 오른쪽 수의 약수일 때, □ 안에 들어갈 수 있는 수를 가장 작은 수부터 3개 구해 보시오.

⑨ | 8 | □ |

( )

⑬ | 30 | □ |

( )

⑩ | 12 | □ |

( )

⑭ | 48 | □ |

( )

⑪ | 14 | □ |

( )

⑮ | 52 | □ |

( )

⑫ | 27 | □ |

( )

⑯ | 66 | □ |

( )

2의 배수 ➡ 일의 자리 수가 0 또는 짝수

3의 배수 ➡ 각 자리 수의 합이 3의 배수

4의 배수 ➡ 끝의 두 자리 수가 00 또는
4의 배수

● **132는 어떤 수의 배수인지 구하기**

• 2의 배수인지 확인하기
132: 일의 자리 수가 짝수 ⇨ 2의 배수

• 3의 배수인지 확인하기
1+3+2=6: 각 자리 수의 합이 3의 배수
⇨ 3의 배수

• 4의 배수인지 확인하기
132: 끝의 두 자리 수가 4의 배수 ⇨ 4의
배수

○ 주어진 수의 배수를 모두 찾아 ◯표 하시오.

❶ 2의 배수 ⇨ (20 , 48 , 31)

❷ 2의 배수 ⇨ (107 , 340 , 296)

❸ 2의 배수 ⇨ (474 , 285 , 160)

❹ 3의 배수 ⇨ (45 , 33 , 59)

❺ 3의 배수 ⇨ (429 , 251 , 564)

❻ 3의 배수 ⇨ (694 , 372 , 783)

❼ 4의 배수 ⇨ (56 , 64 , 70)

❽ 4의 배수 ⇨ (300 , 538 , 612)

⑬ 5, 6, 9의 배수 판정법

5의 배수 ➡ 일의 자리 수가 0 또는 5

6의 배수 ➡ 짝수이면서 3의 배수인 수

9의 배수 ➡ 각 자리 수의 합이 9의 배수

● **270은 어떤 수의 배수인지 구하기**

• 5의 배수인지 확인하기
270: 일의 자리 수가 0 ➪ 2, 5의 배수

• 6의 배수인지 확인하기
  - 270: 짝수
  - 2+7+0=9: 각 자리 수의 합이 3의 배수이므로 3의 배수
  ➪ 6의 배수

• 9의 배수인지 확인하기
2+7+0=9: 각 자리 수의 합이 9의 배수
➪ 9의 배수

○ 주어진 수의 배수를 모두 찾아 ◯표 하시오.

⑨ 5의 배수 ➪ (36 , 25 , 40)

⑬ 6의 배수 ➪ (256 , 354 , 462)

⑩ 5의 배수 ➪ (190 , 204 , 375)

⑭ 6의 배수 ➪ (528 , 640 , 816)

⑪ 5의 배수 ➪ (425 , 260 , 158)

⑮ 9의 배수 ➪ (54 , 72 , 39)

⑫ 6의 배수 ➪ (42 , 38 , 30)

⑯ 9의 배수 ➪ (709 , 486 , 513)

(두 수의 공약수)
=(두 수의
최대공약수의 약수)

● 두 수의 최대공약수가 8일 때, 두 수의 공약수 구하기

(두 수의 공약수)=(최대공약수인 8의 약수)

8의 약수: 1, 2, 4, 8

⇨ 두 수의 최대공약수가 8일 때, 두 수의 공약수는
  1, 2, 4, 8입니다.

참고 공약수와 최대공약수의 관계

8과 16의 공약수: 1, 2, 4, 8	=	8과 16의 최대공약수: 8 ⇨ 8의 약수: 1, 2, 4, 8

❶ 어떤 두 수의 최대공약수가 9일 때 두 수의 공약수를 모두 구해 보시오.

( )

❷ 어떤 두 수의 최대공약수가 25일 때 두 수의 공약수를 모두 구해 보시오.

( )

❸ 어떤 두 수의 최대공약수가 40일 때 두 수의 공약수를 모두 구해 보시오.

( )

❹ 어떤 두 수의 최대공약수가 63일 때 두 수의 공약수를 모두 구해 보시오.

( )

15 최소공배수로 공배수 구하기

(두 수의 공배수)
=(두 수의 최소공배수의 배수)

● 두 수의 최소공배수가 15일 때, 두 수의 공배수 구하기
(두 수의 공배수)＝(최소공배수인 15의 배수)
15의 배수: 15, 30, 45……
⇨ 두 수의 최소공배수가 15일 때, 두 수의 공배수는
　 15, 30, 45……입니다.

참고 공배수와 최소공배수의 관계

| 3과 5의 공배수:
15, 30, 45…… | ＝ | 3과 5의 최소공배수: 15
⇨ 15의 배수: 15, 30, 45…… |

---

5 어떤 두 수의 최소공배수가 10일 때 두 수의 공배수를 가장 작은 수부터 3개 구해 보시오.

(　　　　　　　　　　)

6 어떤 두 수의 최소공배수가 21일 때 두 수의 공배수를 가장 작은 수부터 3개 구해 보시오.

(　　　　　　　　　　)

7 어떤 두 수의 최소공배수가 32일 때 두 수의 공배수를 가장 작은 수부터 3개 구해 보시오.

(　　　　　　　　　　)

8 어떤 두 수의 최소공배수가 49일 때 두 수의 공배수를 가장 작은 수부터 3개 구해 보시오.

(　　　　　　　　　　)

16 ■와 ▲를 모두 나누어떨어지게 하는
어떤 수 중 가장 큰 수 구하기

■와 ▲를 모두
나누어떨어지게 하는 수 = ■와 ▲의
공약수

가장 큰 수 ↓

최대공약수

• 18과 45를 모두 나누어떨어지게 하는 어떤 수
중 가장 큰 수 구하기

(18과 45를 모두 나누어떨어지게 하는 수)
＝(18과 45의 공약수) ── 공약수 중 가장 큰
수는 최대공약수

3) 18   45
3) 6   15
     2   5 ⇨ 최대공약수: $3 \times 3 = 9$

따라서 어떤 수 중 가장 큰 수는 18과 45의
최대공약수인 9입니다.

---

❶ 14와 35를 어떤 수로 나누면 두 수가 모두 나누어떨어집니다.
어떤 수 중에서 가장 큰 수를 구해 보시오.

(   )

❷ 20과 28을 어떤 수로 나누면 두 수가 모두 나누어떨어집니다.
어떤 수 중에서 가장 큰 수를 구해 보시오.

(   )

❸ 24와 16을 어떤 수로 나누면 두 수가 모두 나누어떨어집니다.
어떤 수 중에서 가장 큰 수를 구해 보시오.

(   )

❹ 36과 42를 어떤 수로 나누면 두 수가 모두 나누어떨어집니다.
어떤 수 중에서 가장 큰 수를 구해 보시오.

(   )

17 두 수로 모두 나누어떨어지는 수 중 가장 작은 수 구하기

두 수로 모두
나누어떨어지는 수 = 두 수의 **공배수**

가장 작은 수 ↓

최소공배수

● **12**로 나누어도, **16**으로 나누어도 나누어떨어지는 어떤 수 중 가장 작은 수 구하기

(12로 나누어도, 16으로 나누어도 나누어떨어지는 수)
= (12와 16의 공배수) → 공배수 중 가장 작은 수는 최소공배수

2)12　16
2) 6　 8
　　3　 4 ⇨ 최소공배수: $2 \times 2 \times 3 \times 4 = 48$

따라서 어떤 수 중 가장 작은 수는 12와 16의 최소공배수인 48입니다.

---

5 6으로 나누어도 나누어떨어지고, 8로 나누어도 나누어떨어지는 어떤 수가 있습니다.
어떤 수 중에서 가장 작은 수를 구해 보시오.

(　　　　　　　　　)

6 10으로 나누어도 나누어떨어지고, 15로 나누어도 나누어떨어지는 어떤 수가 있습니다.
어떤 수 중에서 가장 작은 수를 구해 보시오.

(　　　　　　　　　)

7 42로 나누어도 나누어떨어지고, 12로 나누어도 나누어떨어지는 어떤 수가 있습니다.
어떤 수 중에서 가장 작은 수를 구해 보시오.

(　　　　　　　　　)

8 45로 나누어도 나누어떨어지고, 27로 나누어도 나누어떨어지는 어떤 수가 있습니다.
어떤 수 중에서 가장 작은 수를 구해 보시오.

(　　　　　　　　　)

18 남김없이 똑같이 나누기

─ 문제 속 표현 ─

남김없이 똑같이 나누다

↓

─ 풀이 방법 ─

약수를 이용해!

● 문제를 읽고 해결하기

과자 14개를 친구들에게 남김없이 똑같이 나누어 주려고 합니다. 과자를 친구들에게 나누어 줄 수 있는 방법은 모두 몇 가지입니까?
(단, 과자를 한 명보다 많은 친구들에게 나누어 줍니다.)

풀이 과자 14개를 남김없이 똑같이 나누어 주려면
14의 약수를 구합니다.
14의 약수: 1, 2, 7, 14 ⇨ 14의 약수의 개수: 4개
따라서 한 명보다 많은 친구들에게 나누어 줄 수 있는
방법은 4−1=3(가지)입니다.

답 3가지

---

❶ 구슬 9개를 친구들과 남김없이 똑같이 나누어 가지려고 합니다.
구슬을 친구들과 나누어 가질 수 있는 방법은 모두 몇 가지입니까?
(단, 구슬을 한 명보다 많은 친구들과 나누어 가집니다.)

✎ 풀이 공간

구슬 9개를 남김없이 똑같이 나누어 가지려면
9의 약수를 구합니다.

9의 약수: 1, 3, ☐ ⇨ 9의 약수의 개수: ☐개

따라서 한 명보다 많은 친구들과 나누어 가질 수 있는 방법은

☐−1=☐(가지)입니다.

답 :

---

❷ 공책 16권을 여러 개의 상자에 남김없이 똑같이 나누어 담으려고 합니다.
공책을 상자에 나누어 담는 방법은 모두 몇 가지입니까?
(단, 상자를 한 개보다 많이 사용합니다.)

공책 16권을 남김없이 똑같이 나누어 담으려면
16의 약수를 구합니다.

16의 약수: 1, 2, 4, 8, ☐ ⇨ 16의 약수의 개수: ☐개

따라서 상자를 한 개보다 많이 사용하여 나누어 담는 방법은

☐−1=☐(가지)입니다.

답 :

❸ 지우개 28개를 친구들에게 남김없이 똑같이 나누어 주려고 합니다.
지우개를 친구들에게 나누어 줄 수 있는 방법은 모두 몇 가지입니까?
(단, 지우개를 한 명보다 많은 친구들에게 나누어 줍니다.)

답 : _____

❹ 딸기 36개를 여러 개의 접시에 남김없이 똑같이 나누어 담으려고 합니다.
딸기를 접시에 나누어 담는 방법은 모두 몇 가지입니까?
(단, 접시를 한 개보다 많이 사용합니다.)

답 : _____

❺ 비누 40개를 여러 개의 상자에 남김없이 똑같이 나누어 담으려고 합니다.
비누를 상자에 나누어 담는 방법은 모두 몇 가지입니까?
(단, 상자를 한 개보다 많이 사용합니다.)

답 : _____

19 일정한 간격으로 출발할 때 출발하는 시각 구하기

문제 속 표현

간격으로, 마다

↓

풀이 방법

배수를 이용해!

● 문제를 읽고 해결하기

정거장에서 수영장으로 가는 버스가 5분 간격으로 출발합니다. 오전 10시에 처음으로 버스가 출발했다면 세 번째로 버스가 출발하는 시각은 언제입니까?

풀이 버스가 5분 간격으로 출발하므로 분이 5의 배수일 때 버스가 출발합니다.

출발 시각: 오전 10시, 오전 10시 5분, 오전 10시 10분……
5×1 5×2

따라서 세 번째로 버스가 출발하는 시각은 오전 10시 10분입니다.

답 오전 10시 10분

---

❶ 터미널에서 놀이공원으로 가는 버스가 17분 간격으로 출발합니다.
오전 7시에 처음으로 버스가 출발했다면 세 번째로 버스가 출발하는 시각은 언제입니까?

✎ 풀이 공간

버스가 17분 간격으로 출발하므로 분이 17의 배수일 때 버스가 출발합니다.

출발 시각: 오전 7시, 오전 7시 ☐ 분, 오전 7시 ☐ 분……

따라서 세 번째로 버스가 출발하는 시각은 오전 7시 ☐ 분 입니다.

답 :

---

❷ 공항에서 제주도로 가는 비행기가 13분 간격으로 출발합니다.
오전 5시에 처음으로 비행기가 출발했다면 네 번째로 비행기가 출발하는 시각은 언제입니까?

비행기가 13분 간격으로 출발하므로 분이 13의 배수일 때 비행기가 출발합니다.

출발 시각: 오전 5시, 오전 5시 13분, 오전 5시 ☐ 분,

오전 5시 ☐ 분……

따라서 네 번째로 비행기가 출발하는 시각은 오전 5시 ☐ 분 입니다.

답 :

❸ 연주네 집에서 도서관까지 가는 버스가 8분 간격으로 출발합니다.
오전 9시에 처음으로 버스가 출발했다면 여섯 번째로 버스가 출발하는 시각은 언제입니까?

답 : _____

❹ 서울역에서 대전역까지 가는 기차가 오후 1시부터 20분 간격으로 출발합니다.
오후 1시부터 오후 2시까지 기차는 몇 번 출발합니까?

답 : _____

❺ 민희가 타야 하는 지하철이 오전 6시부터 11분 간격으로 출발합니다.
오전 6시부터 오전 7시까지 지하철은 몇 번 출발합니까?

답 : _____

문제 속 표현

최대한 많은(큰/길게), 가장 많은(큰)

↓

풀이 방법

최대공약수를 이용해!

● 문제를 읽고 해결하기

배 12개와 사과 20개를 최대한 많은 학생에게 남김없이 똑같이 나누어 주려고 합니다.
최대 몇 명의 학생에게 나누어 줄 수 있습니까?

풀이 12와 20의 최대공약수를 구합니다.

$$2\,)\underline{12\quad 20}$$
$$2\,)\underline{6\quad 10}$$
$$3\quad 5\quad \Rightarrow\ 최대공약수: 2\times 2=4$$

따라서 최대 4명의 학생에게 나누어 줄 수 있습니다.

답 4명

---

❶ 과자 16개와 사탕 28개를 최대한 많은 학생에게 남김없이 똑같이 나누어 주려고 합니다.
최대 몇 명의 학생에게 나누어 줄 수 있습니까?

✎ 풀이 공간

16과 ☐ 의 최대공약수를 구합니다.

$$\big)\ \ 16\quad \boxed{}$$

⇨ 최대공약수: ☐

따라서 최대 ☐ 명의 학생에게 나누어 줄 수 있습니다.

답 : _____

---

❷ 가로가 21 cm, 세로가 35 cm인 직사각형 모양의 종이를 크기가 같은 정사각형 모양으로
남는 부분 없이 자르려고 합니다. 가장 큰 정사각형 모양으로 자르려면
정사각형의 한 변의 길이를 몇 cm로 해야 합니까?

21과 ☐ 의 최대공약수를 구합니다.

$$\big)\ \ 21\quad \boxed{}$$

⇨ 최대공약수: ☐

따라서 정사각형의 한 변의 길이를 ☐ cm로 해야 합니다.

답 : _____

③ 필통 30개와 연필 50자루를 최대한 많은 학생에게 남김없이 똑같이
나누어 주려고 합니다. 최대 몇 명의 학생에게 나누어 줄 수 있습니까?

답 : _____

④ 위인전 42권과 동화책 12권을 최대한 많은 상자에 남김없이 똑같이
나누어 담으려고 합니다. 최대 몇 개의 상자에 나누어 담을 수 있습니까?

답 : _____

⑤ 길이가 각각 45 cm, 36 cm인 두 색 테이프를 똑같은 길이로
남김없이 자르려고 합니다. 한 도막의 길이를 최대한 길게 자르려면
색 테이프의 한 도막의 길이를 몇 cm로 해야 합니까?

답 : _____

㉑ 최소공배수 문장제

─── 문제 속 표현 ───

가장 적은(작은), 동시에

⬇

─── 풀이 방법 ───

최소공배수를 이용해!

● 문제를 읽고 해결하기

㉮ 기계는 9일마다, ㉯ 기계는 15일마다 점검을 받습니다. 오늘 두 기계가 동시에 점검을 받았다면 다음번에 처음으로 두 기계가 동시에 점검을 받을 때는 며칠 후입니까?

풀이 9와 15의 최소공배수를 구합니다.

$$3)\ \underline{9 \qquad 15}$$
$$3 \qquad 5 \quad \Rightarrow \text{최소공배수: } 3 \times 3 \times 5 = 45$$

따라서 다음번에 처음으로 두 기계가 동시에 점검을 받을 때는 45일 후입니다.

답 45일 후

---

❶ 지우네 가족은 우유를 6일마다, 달걀을 14일마다 삽니다. 오늘 우유와 달걀을 동시에 샀다면 다음번에 처음으로 우유와 달걀을 동시에 사는 때는 며칠 후입니까?

✎ 풀이 공간

6과 [　]의 최소공배수를 구합니다.

$$)\ \underline{6 \qquad [\quad]}$$

⇨ 최소공배수: [　]

따라서 다음번에 처음으로 우유와 달걀을 동시에 사는 때는 [　]일 후입니다.

답 : _____

---

❷ 가로가 12 cm, 세로가 20 cm인 직사각형 모양의 카드를 겹치지 않게 빈틈없이 늘어놓아 정사각형을 만들려고 합니다. 가장 작은 정사각형을 만들려면 정사각형의 한 변의 길이는 몇 cm로 해야 합니까?

✎

12와 [　]의 최소공배수를 구합니다.

$$)\ \underline{12 \qquad [\quad]}$$

⇨ 최소공배수: [　]

따라서 정사각형의 한 변의 길이는 [　] cm로 해야 합니다.

답 : _____

③ 민주와 나연이는 운동장을 일정한 빠르기로 걷고 있습니다.
민주는 14분마다, 나연이는 8분마다 한 바퀴를 돕니다.
두 사람이 출발점에서 같은 방향으로 동시에 출발한다면
다음번에 처음으로 두 사람이 출발점에서 다시 만나는 시각은 몇 분 후입니까?

답 : _____

④ 역에서 부산행 기차는 15분마다, 전주행 기차는 10분마다 출발합니다.
두 기차가 오전 8시에 동시에 출발한다면 다음번에 처음으로 두 기차가
동시에 출발할 때는 몇 분 후입니까?

답 : _____

⑤ 선빈이네 가족은 24일에 한 번씩 이웃 돕기 성금을 내고, 18일에 한 번씩 봉사 활동을 합니다.
오늘 두 가지를 동시에 했다면 다음번에 처음으로 두 가지를 동시에 할 때는 며칠 후입니까?

답 : _____

○ 약수를 모두 구해 보시오.

1 8의 약수

⇨ _____

2 20의 약수

⇨ _____

○ 배수를 가장 작은 수부터 5개 써 보시오.

3 15의 배수

⇨ _____

4 21의 배수

⇨ _____

5 두 수가 약수와 배수의 관계이면 ○표, 아니면 ×표 하시오.

7	49

(   )

○ 두 수의 공약수와 공배수를 구해 보시오.

(단, 공배수는 가장 작은 수부터 2개만 씁니다.)

6

9	12

공약수 (   )

공배수 (   )

7

14	35

공약수 (   )

공배수 (   )

○ 두 수의 최대공약수와 최소공배수를 구해 보시오.

8

18	45

최대공약수 (   )

최소공배수 (   )

9

60	24

최대공약수 (   )

최소공배수 (   )

10 왼쪽 수가 오른쪽 수의 배수일 때, ☐ 안에 들어갈 수 있는 수를 모두 구해 보시오.

| 28 | ☐ |

(   )

11 6의 배수를 모두 찾아 ◯표 하시오.

| 54　　160　　372 |

12 어떤 두 수의 최소공배수가 18일 때 두 수의 공배수를 가장 작은 수부터 3개 구해 보시오.

(   )

13 27과 45를 어떤 수로 나누면 두 수가 모두 나누어떨어집니다. 어떤 수 중에서 가장 큰 수를 구해 보시오.

(   )

14 터미널에서 식물원까지 가는 셔틀버스가 오전 10시부터 9분 간격으로 출발합니다. 오전 10시부터 오전 11시까지 셔틀버스는 몇 번 출발합니까?

(   )

15 레몬 18개와 귤 27개를 최대한 많은 접시에 남김없이 똑같이 나누어 담으려고 합니다. 최대 몇 개의 접시에 나누어 담을 수 있습니까?

(   )

16 ㉮ 기계는 8일마다, ㉯ 기계는 12일마다 점검을 받습니다. 오늘 두 기계가 동시에 점검을 받았다면 다음번에 처음으로 두 기계가 동시에 점검을 받을 때는 며칠 후입니까?

(   )

규칙과 대응

● 맞힌 개수와 걸린 시간을 작성해 보세요.

한 양이 **변할 때** 다른 양이 **일정하게 변하는** 대응 관계를 찾아!

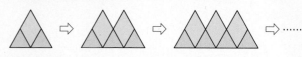

● 사각형의 수와 삼각형의 수 사이의 대응 관계

사각형의 수(개)	1	2	3	……
삼각형의 수(개)	2	3	4	……

└─● 사각형이 1개 늘어날 때마다 삼각형은 1개씩 늘어납니다.

• 사각형의 수에 1을 더하면 삼각형의 수와 같습니다.
• 삼각형의 수에서 1을 빼면 사각형의 수와 같습니다.

○ 두 양 사이의 대응 관계를 찾아보시오.

1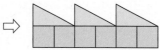

삼각형의 수(개)	1	2	3	4	5	……
사각형의 수(개)	2					……

⇩

• 삼각형의 수를 ☐ 배 하면 사각형의 수와 같습니다.

• 사각형의 수를 ☐ (으)로 나누면 삼각형의 수와 같습니다.

2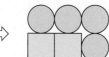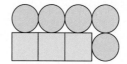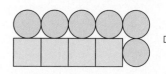

사각형의 수(개)	1	2	3	4	5	……
원의 수(개)	3					……

⇩

• 사각형의 수에 ☐ 을/를 더하면 원의 수와 같습니다.

• 원의 수에서 ☐ 을/를 빼면 사각형의 수와 같습니다.

❸

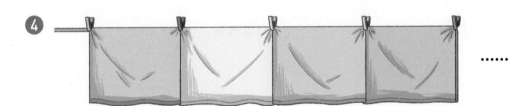

식탁의 수(개)	1	2	3	4	5	‥‥‥
의자의 수(개)	4					‥‥‥

⇩

• 식탁의 수를 ☐ 배 하면 의자의 수와 같습니다.

• 의자의 수를 ☐ (으)로 나누면 식탁의 수와 같습니다.

❹

빨래의 수(개)	1	2	3	4	5	‥‥‥
집게의 수(개)	2					‥‥‥

⇩

• 빨래의 수에 ☐ 을/를 더하면 집게의 수와 같습니다.

• 집게의 수에서 ☐ 을/를 빼면 빨래의 수와 같습니다.

2 대응 관계를 식으로 나타내기

• 대응 관계를 식으로 나타내기

한 모둠에 학생이 3명씩 앉아 있습니다.				
모둠의 수(개)	1	2	3	……
학생의 수(명)	3	6	9	……

• 모둠의 수를 □, 학생의 수를 △라 하여 대응 관계를
  식으로 나타내기
  ┌ (모둠의 수)×3＝(학생의 수) ⇨ □×3＝△
  └ (학생의 수)÷3＝(모둠의 수) ⇨ △÷3＝□

각 양을 ○, □, △와 같은 기호로 표현하여
대응 관계를 간단히 식으로 나타내!

○ 표를 완성하고 □와 △ 사이의 대응 관계를 식으로 나타내어 보시오.

1

무궁화의 꽃잎은 5장입니다.						

무궁화의 수(송이)	1	2	3	4	5	……
꽃잎의 수(장)						……

⇨ 무궁화의 수를 □, 꽃잎의 수를 △라고 할 때

대응 관계를 식으로 나타내면 _____입니다.

2

영지의 나이가 12살일 때 언니의 나이는 14살입니다.						

영지의 나이(살)	12	13	14	15	16	……
언니의 나이(살)						……

⇨ 영지의 나이를 □, 언니의 나이를 △라고 할 때

대응 관계를 식으로 나타내면 _____입니다.

❸

오징어의 다리는 10개입니다.

오징어의 수(마리)	1	2	3		5	⋯⋯
오징어 다리의 수(개)				40		⋯⋯

⇨ 오징어의 수를 □, 오징어 다리의 수를 △라고 할 때

대응 관계를 식으로 나타내면 _____입니다.

❹

드론은 1초에 7 m를 비행합니다.

비행 시간(초)	1	2		4		⋯⋯
비행 거리(m)			21		35	⋯⋯

⇨ 비행 시간을 □, 비행 거리를 △라고 할 때

대응 관계를 식으로 나타내면 _____입니다.

❺

수도꼭지에서 물이 1분 동안 13 L 나옵니다.

수도꼭지를 틀어 놓은 시간(분)	1			4	5	⋯⋯
나온 물의 양(L)		26	39			⋯⋯

⇨ 수도꼭지를 틀어 놓은 시간을 □, 나온 물의 양을 △라고 할 때

대응 관계를 식으로 나타내면 _____입니다.

서로 **대응하는 두 양**과 **두 양의 대응 관계**를 찾아 식으로 나타내!

- 그림에서 서로 대응하는 두 양을 찾아 식으로 나타내기

- 대응하는 두 양: 의자의 수, 팔걸이의 수
- 의자의 수를 □, 팔걸이의 수를 △라 하여 대응 관계를 식으로 나타내기
  ┌ (의자의 수)+1=(팔걸이의 수) ➪ □+1=△
  └ (팔걸이의 수)−1=(의자의 수) ➪ △−1=□

○ 그림에서 대응 관계를 찾아 식으로 나타내려고 합니다. 물음에 답하시오.

 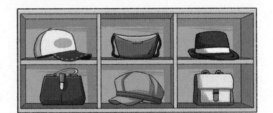

❶ 그림에서 서로 대응하는 두 양을 찾고 대응 관계를 써 보시오.

	서로 대응하는 두 양		대응 관계
①	진열장의 수	가방의 수	
②	가방의 수		

❷ 위 ❶에서 찾은 대응 관계를 식으로 나타내어 보시오.

①	진열장의 수를 □, 가방의 수를 △라고 할 때 대응 관계를 식으로 나타내면 [ ] 입니다.
②	가방의 수를 ○, [ ]를 ☆이라고 할 때 대응 관계를 식으로 나타내면 [ ] 입니다.

❸ 그림에 누름 못을 꽂아서 게시판에 붙이고 있습니다. 그림의 수와 누름 못의 수 사이의 대응 관계를 표를 이용하여 알아보고 식으로 나타내어 보시오.

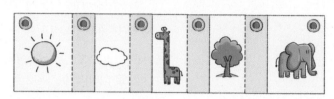

그림의 수(장)	1	2	3		5	……
누름 못의 수(개)	2			5		……

⇩

그림의 수를 □, 누름 못의 수를 △라고 할 때

대응 관계를 식으로 나타내면 [   ] 입니다.

❹ 한 모둠에 학생이 6명씩 앉아 있습니다. 모둠의 수와 학생의 수 사이의 대응 관계를 표를 이용하여 알아보고 식으로 나타내어 보시오.

모둠의 수(개)	1	2		4		……
학생의 수(명)	6		18		30	……

⇩

모둠의 수를 □, 학생의 수를 △라고 할 때

대응 관계를 식으로 나타내면 [   ] 입니다.

한 도형의 **수**가 변할 때
다른 도형의 수가
변하는 대응 관계를 찾아!

● 사각형이 5개일 때 삼각형의 수 구하기

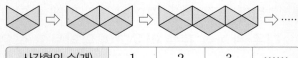

사각형의 수(개)	1	2	3	……
삼각형의 수(개)	2	4	6	……

⇨ 사각형의 수를 □, 삼각형의 수를 △라 할 때 대응 관계를 식으로 나타내면 □×2＝△ 또는 △÷2＝□입니다.
따라서 사각형이 5개일 때 삼각형은 10개입니다.

○ 사각형과 삼각형으로 규칙적인 배열을 만들고 있습니다. 사각형의 수를 □, 삼각형의 수를 △라고 할 때 대응 관계를 식으로 나타내고 사각형의 수에 따른 삼각형의 수를 구해 보시오.

1

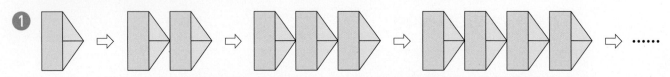

대응 관계를 나타낸 식	사각형이 6개일 때 삼각형의 수

2

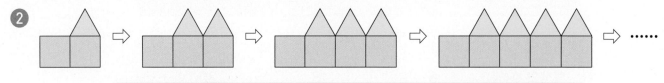

대응 관계를 나타낸 식	사각형이 9개일 때 삼각형의 수

○ 삼각형과 원으로 규칙적인 배열을 만들고 있습니다. 삼각형의 수를 △, 원의 수를 ○라고 할 때 대응 관계를 식으로 나타내고 삼각형의 수에 따른 원의 수를 구해 보시오.

3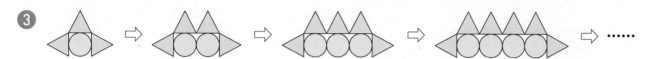

대응 관계를 나타낸 식	삼각형이 10개일 때 원의 수

4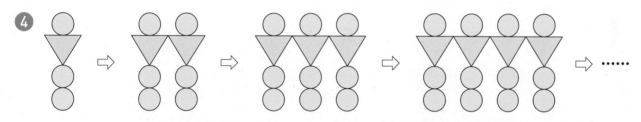

대응 관계를 나타낸 식	삼각형이 7개일 때 원의 수

5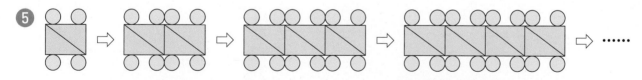

대응 관계를 나타낸 식	삼각형이 12개일 때 원의 수

규칙적인 배열에서 ■째 조각의 수 구하기

배열 순서와 놓여진 조각의 수 사이의 대응 관계를 찾아!

• 다섯째에 필요한 삼각형 조각의 수 구하기

| 1 | 2 | 3 | 4 | …… |

배열 순서	1	2	3	4	……
삼각형 조각의 수(개)	2	4	6	8	……

⇨ 배열 순서를 □, 삼각형 조각의 수를 △라 할 때 대응 관계를 식으로 나타내면 □×2＝△ 또는 △÷2＝□입니다.

따라서 다섯째에는 삼각형 조각이 10개 필요합니다.

○ 배열 순서에 맞게 수 카드를 놓고 도형 조각으로 규칙적인 배열을 만들고 있습니다.

배열 순서를 □, 조각의 수를 △라고 할 때 대응 관계를 식으로 나타내고

주어진 순서에 도형 조각이 몇 개 필요한지 구해 보시오.

❶

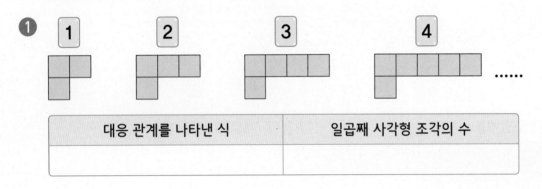

대응 관계를 나타낸 식	일곱째 사각형 조각의 수

❷

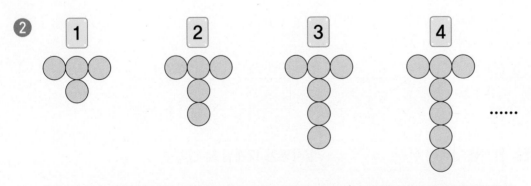

대응 관계를 나타낸 식	열넷째 원 조각의 수

❸
| 1 | 2 | 3 | 4 |

   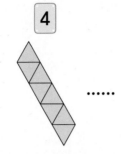 ……

대응 관계를 나타낸 식	열째 삼각형 조각의 수

❹
| 1 | 2 | 3 | 4 |

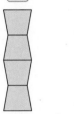 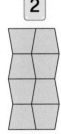 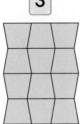 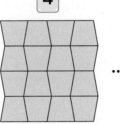 ……

대응 관계를 나타낸 식	열셋째 사각형 조각의 수

❺
| 1 | 2 | 3 | 4 |

  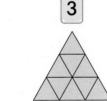 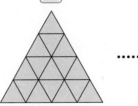 ……

대응 관계를 나타낸 식	여섯째 삼각형 조각의 수

○ 두 양 사이의 대응 관계를 찾아보시오.

1

사각형의 수(개)	1	2	3	4	……
삼각형의 수(개)	2				……

⇩

- 사각형의 수를 ☐ 배 하면 삼각형의 수와 같습니다.
- 삼각형의 수를 ☐ (으)로 나누면 사각형의 수와 같습니다.

2

   ……

접시의 수 (개)	1	2	3	4	……
감의 수 (개)	5				……

⇩

- 접시의 수를 ☐ 배 하면 감의 수와 같습니다.
- 감의 수를 ☐ (으)로 나누면 접시의 수와 같습니다.

3 표를 완성하고 ☐와 △ 사이의 대응 관계를 식으로 나타내어 보시오.

자전거의 바퀴는 2개입니다.					
자전거의 수(대)	1	2	3	4	……
바퀴의 수 (개)	2				……

⇨ 자전거의 수를 ☐, 바퀴의 수를 △라고 할 때 대응 관계를 식으로 나타내면

_____입니다.

4 그림과 같이 색 테이프를 자르고 있습니다. 서로 대응하는 두 양을 찾아 대응 관계를 쓰고 식으로 나타내어 보시오.

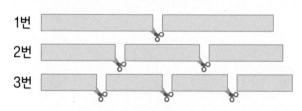

서로 대응하는 두 양	
자른 횟수	
대응 관계를 나타낸 식	

○ 사각형과 삼각형으로 규칙적인 배열을 만들고 있습니다. 사각형의 수를 □, 삼각형의 수를 △라고 할 때 대응 관계를 식으로 나타내고 사각형이 10개일 때 삼각형의 수를 구해 보시오.

5

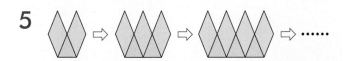

대응 관계를 나타낸 식	삼각형의 수

6

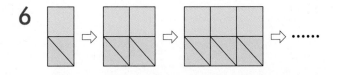

대응 관계를 나타낸 식	삼각형의 수

7

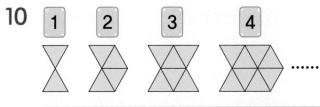

대응 관계를 나타낸 식	삼각형의 수

○ 배열 순서에 맞게 수 카드를 놓고 도형 조각으로 규칙적인 배열을 만들고 있습니다. 배열 순서를 □, 조각의 수를 △라고 할 때 대응 관계를 식으로 나타내고 열다섯째에 도형 조각이 몇 개 필요한지 구해 보시오.

8

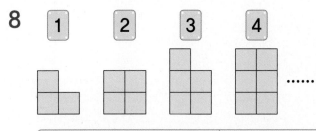

대응 관계를 나타낸 식	사각형의 수

9

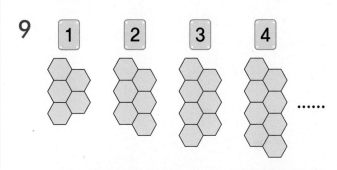

대응 관계를 나타낸 식	육각형의 수

10

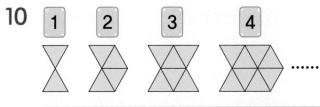

대응 관계를 나타낸 식	삼각형의 수

약분과 통분

◆ 맞힌 개수와 걸린 시간을 작성해 보세요.

학습 내용	일 차	맞힌 개수	걸린 시간
⑩ 분자를 같게 만들어 분수의 크기 비교하기	7일 차	/16개	/8분
⑪ 분자가 분모보다 1만큼 더 작은 분수끼리의 크기 비교하기			
⑫ 시간을 기약분수로 나타내기	8일 차	/16개	/12분
⑬ 분수로 나타낸 시간을 몇 시간 몇 분으로 나타내기			
⑭ 약분하기 전의 분수 구하기	9일 차	/12개	/12분
⑮ 통분하기 전의 두 기약분수 구하기			
⑯ 분모와 분자의 합을 알 때 크기가 같은 분수 구하기	10일 차	/12개	/12분
⑰ 분모와 분자의 차를 알 때 크기가 같은 분수 구하기			
평가 4. 약분과 통분	11일 차	/20개	/22분

분모와 분자에
각각 0이 아닌
같은 수를 곱하면
크기가 같은 분수가 돼!

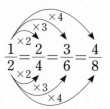

• $\dfrac{1}{2}$ 과 크기가 같은 분수 만들기

$$\dfrac{1}{2} = \dfrac{2}{4} = \dfrac{3}{6} = \dfrac{4}{8}$$

$\dfrac{1}{2}$ 의 분모와 분자에 각각 같은 수를 곱하였더니 크기가 같은 분수가 되었습니다.

○ 분모와 분자에 각각 0이 아닌 같은 수를 곱하여 크기가 같은 분수를 만들려고 합니다.
  분모가 작은 것부터 차례대로 3개 써 보시오.

❶ $\dfrac{1}{3}$ ⇨ (   )

❷ $\dfrac{3}{4}$ ⇨ (   )

❸ $\dfrac{2}{5}$ ⇨ (   )

❹ $\dfrac{5}{6}$ ⇨ (   )

❺ $\dfrac{3}{8}$ ⇨ (   )

❻ $\dfrac{2}{9}$ ⇨ (   )

❼ $\dfrac{7}{10}$ ⇨ (   )

❽ $\dfrac{6}{11}$ ⇨ (   )

❾ $\dfrac{8}{15}$ ⇨ (   )

❿ $\dfrac{13}{20}$ ⇨ (   )

2 나눗셈을 이용하여 크기가 같은 분수 만들기

분모와 분자를
각각 0이 아닌
같은 수로 나누면
크기가 같은 분수가 돼!

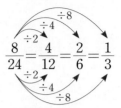

• $\frac{8}{24}$ 과 크기가 같은 분수 만들기

$$\frac{8}{24} = \frac{4}{12} = \frac{2}{6} = \frac{1}{3}$$

$\frac{8}{24}$ 의 분모와 분자를 각각 같은 수로 나누었더니
크기가 같은 분수가 되었습니다.

○ 분모와 분자를 각각 0이 아닌 같은 수로 나누어 크기가 같은 분수를 만들려고 합니다.
  분모가 큰 것부터 차례대로 3개 써 보시오.

⑪ $\frac{12}{18}$ ⇨ (   )

⑯ $\frac{28}{56}$ ⇨ (   )

⑫ $\frac{10}{20}$ ⇨ (   )

⑰ $\frac{15}{60}$ ⇨ (   )

⑬ $\frac{30}{36}$ ⇨ (   )

⑱ $\frac{24}{72}$ ⇨ (   )

⑭ $\frac{24}{40}$ ⇨ (   )

⑲ $\frac{42}{84}$ ⇨ (   )

⑮ $\frac{14}{42}$ ⇨ (   )

⑳ $\frac{60}{96}$ ⇨ (   )

3 약분

분모와 분자를
공약수로 나누는 것
→ 약분한다

●약분

약분한다: 분모와 분자를 공약수로 나누어 간단한 분수로
만드는 것

예 $\dfrac{4}{8}$ 를 약분하기

● 분모와 분자를 1로 나누면
자기 자신이 되므로
약분할 때에는 1을 제외합니다.

분모 8과 분자 4의 공약수: 1, 2, 4

$\dfrac{4}{8}=\dfrac{4\div2}{8\div2}=\dfrac{2}{4}$

$\dfrac{\overset{2}{\cancel{4}}}{\underset{4}{\cancel{8}}}=\dfrac{2}{4}$

$\dfrac{4}{8}=\dfrac{4\div4}{8\div4}=\dfrac{1}{2}$

$\dfrac{\overset{1}{\cancel{4}}}{\underset{2}{\cancel{8}}}=\dfrac{1}{2}$

○ 약분한 분수를 모두 써 보시오.

❶ $\dfrac{4}{12}$ ⇨ (   )

❷ $\dfrac{4}{16}$ ⇨ (   )

❸ $\dfrac{16}{24}$ ⇨ (   )

❹ $\dfrac{24}{30}$ ⇨ (   )

❺ $\dfrac{18}{36}$ ⇨ (   )

❻ $\dfrac{16}{40}$ ⇨ (   )

❼ $\dfrac{18}{54}$ ⇨ (   )

❽ $\dfrac{12}{60}$ ⇨ (   )

❾ $\dfrac{25}{75}$ ⇨ (   )

❿ $\dfrac{18}{81}$ ⇨ (   )

4 기약분수　　　　　　　　　　　　　　　　　　　　　　　　　4단원

분모와 분자의
공약수가 1뿐인 분수
→ 기약분수

● 기약분수

기약분수: 분모와 분자의 공약수가 1뿐인 분수

 $\dfrac{6}{18}$ 을 기약분수로 나타내기

$$\dfrac{\overset{3}{\overset{\cancel{6}}{\cancel{18}}}}{\underset{9}{}} = \dfrac{\overset{1}{\cancel{3}}}{\underset{3}{\cancel{9}}} = \dfrac{1}{3}$$
　　　　　　　　　　└● 기약분수

○ 기약분수로 나타내어 보시오.

⑪ $\dfrac{4}{6}$ ⇨ (　　　　　　　　)

⑫ $\dfrac{9}{12}$ ⇨ (　　　　　　　　)

⑬ $\dfrac{8}{28}$ ⇨ (　　　　　　　　)

⑭ $\dfrac{21}{35}$ ⇨ (　　　　　　　　)

⑮ $\dfrac{28}{49}$ ⇨ (　　　　　　　　)

⑯ $\dfrac{12}{54}$ ⇨ (　　　　　　　　)

⑰ $\dfrac{48}{64}$ ⇨ (　　　　　　　　)

⑱ $\dfrac{60}{72}$ ⇨ (　　　　　　　　)

⑲ $\dfrac{45}{81}$ ⇨ (　　　　　　　　)

⑳ $\dfrac{35}{90}$ ⇨ (　　　　　　　　)

분수의

분모를 같게 하는 것

→ 통분한다

- 통분
- **통분한다**: 분수의 분모를 같게 하는 것
- **공통분모**: 통분한 분모

예 $\frac{3}{4}$과 $\frac{1}{6}$을 통분하기

방법1 두 분모의 곱을 공통분모로 하여 통분하기

$$\left(\frac{3}{4},\frac{1}{6}\right)\Rightarrow\left(\frac{3\times6}{4\times6},\frac{1\times4}{6\times4}\right)\Rightarrow\left(\frac{18}{24},\frac{4}{24}\right)$$

방법2 두 분모의 최소공배수를 공통분모로 하여 통분하기

$$\left(\frac{3}{4},\frac{1}{6}\right)\Rightarrow\left(\frac{3\times3}{4\times3},\frac{1\times2}{6\times2}\right)\Rightarrow\left(\frac{9}{12},\frac{2}{12}\right)$$

○ 두 분모의 곱을 공통분모로 하여 통분해 보시오.

① $\left(\frac{1}{3},\frac{2}{5}\right)\Rightarrow(\qquad,\qquad)$

② $\left(\frac{2}{3},\frac{5}{9}\right)\Rightarrow(\qquad,\qquad)$

③ $\left(\frac{3}{4},\frac{1}{8}\right)\Rightarrow(\qquad,\qquad)$

④ $\left(\frac{3}{5},\frac{4}{7}\right)\Rightarrow(\qquad,\qquad)$

⑤ $\left(\frac{9}{10},\frac{3}{4}\right)\Rightarrow(\qquad,\qquad)$

⑥ $\left(\frac{3}{8},\frac{5}{6}\right)\Rightarrow(\qquad,\qquad)$

⑦ $\left(\frac{7}{9},\frac{1}{6}\right)\Rightarrow(\qquad,\qquad)$

⑧ $\left(\frac{5}{6},\frac{3}{10}\right)\Rightarrow(\qquad,\qquad)$

⑨ $\left(\frac{5}{7},\frac{2}{9}\right)\Rightarrow(\qquad,\qquad)$

⑩ $\left(\frac{5}{12},\frac{3}{8}\right)\Rightarrow(\qquad,\qquad)$

○ 두 분모의 최소공배수를 공통분모로 하여 통분해 보시오.

⑪ $\left(\dfrac{1}{4}, \dfrac{5}{6}\right) \Rightarrow ($, $)$

⑱ $\left(\dfrac{3}{4}, \dfrac{7}{18}\right) \Rightarrow ($, $)$

⑫ $\left(\dfrac{4}{7}, \dfrac{5}{14}\right) \Rightarrow ($, $)$

⑲ $\left(\dfrac{9}{10}, \dfrac{5}{8}\right) \Rightarrow ($, $)$

⑬ $\left(\dfrac{2}{5}, \dfrac{7}{15}\right) \Rightarrow ($, $)$

⑳ $\left(\dfrac{3}{16}, \dfrac{5}{6}\right) \Rightarrow ($, $)$

⑭ $\left(\dfrac{4}{9}, \dfrac{1}{6}\right) \Rightarrow ($, $)$

㉑ $\left(\dfrac{7}{18}, \dfrac{4}{27}\right) \Rightarrow ($, $)$

⑮ $\left(\dfrac{1}{4}, \dfrac{3}{10}\right) \Rightarrow ($, $)$

㉒ $\left(\dfrac{9}{20}, \dfrac{7}{15}\right) \Rightarrow ($, $)$

⑯ $\left(\dfrac{5}{6}, \dfrac{3}{8}\right) \Rightarrow ($, $)$

㉓ $\left(\dfrac{7}{36}, \dfrac{5}{24}\right) \Rightarrow ($, $)$

⑰ $\left(\dfrac{3}{14}, \dfrac{1}{4}\right) \Rightarrow ($, $)$

㉔ $\left(\dfrac{5}{18}, \dfrac{4}{15}\right) \Rightarrow ($, $)$

- $\dfrac{1}{4}$ 과 $\dfrac{5}{6}$ 의 크기 비교 → 두 분수의 크기 비교

$\left(\dfrac{1}{4},\ \dfrac{5}{6}\right)$ **통분** $\left(\dfrac{3}{12},\ \dfrac{10}{12}\right)$ ⇨ $\dfrac{1}{4} < \dfrac{5}{6}$

↳ 분모가 같은 분수는 분자가 클수록 큰 수입니다.

- $\dfrac{1}{2},\ \dfrac{3}{4},\ \dfrac{5}{8}$ 의 크기 비교 → 세 분수의 크기 비교

$\left(\dfrac{1}{2},\ \dfrac{3}{4}\right)$ **통분** $\left(\dfrac{2}{4},\ \dfrac{3}{4}\right)$ ⇨ $\dfrac{1}{2} < \dfrac{3}{4}$

$\left(\dfrac{3}{4},\ \dfrac{5}{8}\right)$ **통분** $\left(\dfrac{6}{8},\ \dfrac{5}{8}\right)$ ⇨ $\dfrac{3}{4} > \dfrac{5}{8}$ ⎤

$\left(\dfrac{1}{2},\ \dfrac{5}{8}\right)$ **통분** $\left(\dfrac{4}{8},\ \dfrac{5}{8}\right)$ ⇨ $\dfrac{1}{2} < \dfrac{5}{8}$ ⎦ ⇨ $\dfrac{1}{2} < \dfrac{5}{8} < \dfrac{3}{4}$

분수를 **통분**하여 **분자의 크기**를 비교해!

○ 분수의 크기를 비교하여 ◯ 안에 >, =, <를 알맞게 써넣으시오.

① $\dfrac{2}{3}$ ◯ $\dfrac{3}{4}$

② $\dfrac{2}{7}$ ◯ $\dfrac{5}{14}$

③ $\dfrac{5}{8}$ ◯ $\dfrac{9}{16}$

④ $\dfrac{1}{6}$ ◯ $\dfrac{3}{8}$

⑤ $\dfrac{4}{9}$ ◯ $\dfrac{5}{12}$

⑥ $\dfrac{8}{21}$ ◯ $\dfrac{5}{14}$

⑦ $\dfrac{3}{10}$ ◯ $\dfrac{9}{25}$

⑧ $\dfrac{8}{27}$ ◯ $\dfrac{5}{18}$

⑨ $\dfrac{3}{20}$ ◯ $\dfrac{7}{30}$

⑩ $\dfrac{9}{20}$ ◯ $\dfrac{5}{16}$

⑪ $1\dfrac{1}{3}$ ◯ $1\dfrac{2}{5}$

⑫ $1\dfrac{4}{9}$ ◯ $1\dfrac{5}{6}$

⑬ $6\dfrac{5}{8}$ ◯ $6\dfrac{3}{10}$

⑭ $5\dfrac{4}{15}$ ◯ $5\dfrac{3}{20}$

⑮ $2\dfrac{5}{12}$ ◯ $2\dfrac{7}{14}$

○ 가장 큰 분수에 ○표, 가장 작은 분수에 △표 하시오.

⑯ $\dfrac{1}{2}$ $\dfrac{5}{6}$ $\dfrac{7}{10}$

⑰ $\dfrac{2}{3}$ $\dfrac{4}{5}$ $\dfrac{7}{9}$

⑱ $\dfrac{3}{4}$ $\dfrac{1}{6}$ $\dfrac{5}{12}$

⑲ $\dfrac{2}{5}$ $\dfrac{3}{10}$ $\dfrac{4}{15}$

⑳ $\dfrac{2}{3}$ $\dfrac{4}{9}$ $\dfrac{7}{18}$

㉑ $\dfrac{3}{5}$ $\dfrac{5}{6}$ $\dfrac{11}{12}$

㉒ $\dfrac{5}{6}$ $\dfrac{3}{8}$ $\dfrac{9}{14}$

㉓ $\dfrac{3}{5}$ $\dfrac{4}{7}$ $\dfrac{7}{10}$

㉔ $\dfrac{2}{7}$ $\dfrac{3}{8}$ $\dfrac{5}{14}$

㉕ $\dfrac{3}{4}$ $\dfrac{7}{20}$ $\dfrac{9}{40}$

㉖ $\dfrac{5}{8}$ $\dfrac{11}{12}$ $\dfrac{7}{24}$

㉗ $\dfrac{2}{9}$ $\dfrac{5}{12}$ $\dfrac{7}{36}$

분모를 10, 100, 1000 으로 고쳐서 소수로 나타내!

- **분수를 소수로 나타내기**
- 분모가 2, 5인 분수:
  분모가 10인 분수로 고쳐 소수 한 자리 수로 나타냅니다.
- 분모가 4, 20, 25, 50인 분수:
  분모가 100인 분수로 고쳐 소수 두 자리 수로 나타냅니다.
- 분모가 8, 40, 125, 200, 250, 500인 분수:
  분모가 1000인 분수로 고쳐 소수 세 자리 수로 나타냅니다.

예 $\dfrac{1}{2} = \dfrac{1 \times 5}{2 \times 5} = \dfrac{5}{10} = 0.5$

$\dfrac{1}{8} = \dfrac{1 \times 125}{8 \times 125} = \dfrac{125}{1000} = 0.125$

○ 분수를 소수로 나타내어 보시오.

① $\dfrac{1}{4} \Rightarrow ($　　　　　　$)$

② $\dfrac{1}{5} \Rightarrow ($　　　　　　$)$

③ $\dfrac{4}{5} \Rightarrow ($　　　　　　$)$

④ $\dfrac{3}{8} \Rightarrow ($　　　　　　$)$

⑤ $\dfrac{7}{8} \Rightarrow ($　　　　　　$)$

⑥ $\dfrac{11}{20} \Rightarrow ($　　　　　　$)$

⑦ $\dfrac{1}{25} \Rightarrow ($　　　　　　$)$

⑧ $\dfrac{9}{25} \Rightarrow ($　　　　　　$)$

⑨ $\dfrac{3}{40} \Rightarrow ($　　　　　　$)$

⑩ $\dfrac{13}{50} \Rightarrow ($　　　　　　$)$

8 소수를 분수로 나타내기

소수의
소수점 아래 자리 수를 보고,
분모가 **10, 100, 1000**인
분수로 나타내!

● 소수를 분수로 나타내기

소수 한 자리 수는 분모가 10인 분수로,
소수 두 자리 수는 분모가 100인 분수로,
소수 세 자리 수는 분모가 1000인 분수로
나타냅니다.

예 $0.2 = \dfrac{\overset{1}{2}}{\underset{5}{10}} = \dfrac{1}{5}$ 　　　 $0.05 = \dfrac{\overset{1}{5}}{\underset{20}{100}} = \dfrac{1}{20}$

$0.025 = \dfrac{\overset{1}{25}}{\underset{40}{1000}} = \dfrac{1}{40}$

○ 소수를 기약분수로 나타내어 보시오.

⑪ 0.4 ⇨ (　　　　　　　　)

⑯ 0.75 ⇨ (　　　　　　　　)

⑫ 0.5 ⇨ (　　　　　　　　)

⑰ 0.85 ⇨ (　　　　　　　　)

⑬ 0.6 ⇨ (　　　　　　　　)

⑱ 0.175 ⇨ (　　　　　　　　)

⑭ 0.18 ⇨ (　　　　　　　　)

⑲ 0.225 ⇨ (　　　　　　　　)

⑮ 0.25 ⇨ (　　　　　　　　)

⑳ 0.625 ⇨ (　　　　　　　　)

- $\dfrac{4}{5}$와 0.9의 크기 비교

방법1 분수를 소수로 나타내어 크기 비교하기

$$\dfrac{4}{5}=0.8\text{이므로 } 0.8<0.9 \Rightarrow \dfrac{4}{5}<0.9\text{입니다.}$$

방법2 소수를 분수로 나타내어 크기 비교하기

$$\dfrac{4}{5}=\dfrac{8}{10},\ 0.9=\dfrac{9}{10}\text{이므로}$$

$$\dfrac{8}{10}<\dfrac{9}{10} \Rightarrow \dfrac{4}{5}<0.9\text{입니다.}$$

분수를 **소수로** 나타내거나
소수를 **분수로** 나타내어
비교해!

○ 분수와 소수의 크기를 비교하여 ◯ 안에 >, =, <를 알맞게 써넣으시오.

1 $\dfrac{3}{5}$ ◯ 0.7

2 $\dfrac{1}{4}$ ◯ 0.4

3 $\dfrac{17}{50}$ ◯ 0.3

4 $\dfrac{1}{20}$ ◯ 0.5

5 $\dfrac{4}{25}$ ◯ 0.6

6 $\dfrac{1}{8}$ ◯ 0.17

7 $\dfrac{3}{40}$ ◯ 0.05

8 $\dfrac{2}{3}$ ◯ 0.6

9 $\dfrac{7}{9}$ ◯ 0.8

10 $\dfrac{8}{15}$ ◯ 0.5

11 0.3 ◯ $\dfrac{1}{2}$

12 0.4 ◯ $\dfrac{2}{5}$

13 0.7 ◯ $\dfrac{4}{5}$

14 0.8 ◯ $\dfrac{3}{4}$

15 0.5 ◯ $\dfrac{21}{50}$

⑯ $0.25 \bigcirc \dfrac{7}{20}$

⑰ $0.56 \bigcirc \dfrac{9}{25}$

⑱ $0.42 \bigcirc \dfrac{3}{8}$

⑲ $0.32 \bigcirc \dfrac{13}{40}$

⑳ $0.7 \bigcirc \dfrac{5}{7}$

㉑ $0.6 \bigcirc \dfrac{5}{12}$

㉒ $0.3 \bigcirc \dfrac{5}{14}$

㉓ $3\dfrac{1}{2} \bigcirc 3.7$

㉔ $5\dfrac{1}{4} \bigcirc 5.3$

㉕ $2\dfrac{33}{50} \bigcirc 2.6$

㉖ $1\dfrac{9}{20} \bigcirc 1.33$

㉗ $2\dfrac{2}{25} \bigcirc 2.34$

㉘ $4\dfrac{27}{40} \bigcirc 4.68$

㉙ $1\dfrac{4}{9} \bigcirc 1.4$

㉚ $3.4 \bigcirc 3\dfrac{1}{5}$

㉛ $2.9 \bigcirc 2\dfrac{49}{50}$

㉜ $4.6 \bigcirc 4\dfrac{11}{20}$

㉝ $1.32 \bigcirc 1\dfrac{12}{25}$

㉞ $3.87 \bigcirc 3\dfrac{7}{8}$

㉟ $2.57 \bigcirc 2\dfrac{21}{40}$

㊱ $2.3 \bigcirc 2\dfrac{2}{15}$

분자가 같으면 분모가 작을수록 커!

$\cdot$ $\dfrac{2}{3}$와 $\dfrac{4}{13}$의 크기 비교

분수를 통분하는 것보다 분자의 곱 또는 최소공배수를 구하기가 더 편리할 때에는 분자를 같게 만들어 크기를 비교합니다.

$$\left(\dfrac{2}{3},\ \dfrac{4}{13}\right)\ \xrightarrow{\substack{\text{분자를}\\\text{같게 하기}}}\ \left(\dfrac{2}{3}=\dfrac{4}{6},\ \dfrac{4}{13}\right)$$

$$\xrightarrow{\substack{\text{분수의}\\\text{크기 비교}}}\ \dfrac{2}{3}>\dfrac{4}{13}$$

○ 분수의 분자를 같게 만들어 분수의 크기를 비교하려고 합니다.

☐ 안에 알맞은 수를 써넣고 ○ 안에 >, =, <를 알맞게 써넣으시오.

1 $\left(\dfrac{3}{4},\ \dfrac{6}{11}\right)\Rightarrow\left(\dfrac{6}{\boxed{}},\ \dfrac{6}{11}\right)$

$\Rightarrow\dfrac{3}{4}\bigcirc\dfrac{6}{11}$

2 $\left(\dfrac{4}{7},\ \dfrac{8}{13}\right)\Rightarrow\left(\dfrac{8}{\boxed{}},\ \dfrac{8}{13}\right)$

$\Rightarrow\dfrac{4}{7}\bigcirc\dfrac{8}{13}$

3 $\left(\dfrac{4}{5},\ \dfrac{6}{17}\right)\Rightarrow\left(\dfrac{12}{15},\ \dfrac{12}{\boxed{}}\right)$

$\Rightarrow\dfrac{4}{5}\bigcirc\dfrac{6}{17}$

4 $\left(\dfrac{16}{17},\ \dfrac{8}{9}\right)\Rightarrow\left(\dfrac{16}{17},\ \dfrac{16}{\boxed{}}\right)$

$\Rightarrow\dfrac{16}{17}\bigcirc\dfrac{8}{9}$

5 $\left(\dfrac{9}{23},\ \dfrac{6}{13}\right)\Rightarrow\left(\dfrac{18}{\boxed{}},\ \dfrac{18}{\boxed{}}\right)$

$\Rightarrow\dfrac{9}{23}\bigcirc\dfrac{6}{13}$

6 $\left(\dfrac{4}{9},\ \dfrac{10}{19}\right)\Rightarrow\left(\dfrac{20}{\boxed{}},\ \dfrac{20}{\boxed{}}\right)$

$\Rightarrow\dfrac{4}{9}\bigcirc\dfrac{10}{19}$

7 $\left(\dfrac{6}{13},\ \dfrac{8}{15}\right)\Rightarrow\left(\dfrac{24}{\boxed{}},\ \dfrac{24}{\boxed{}}\right)$

$\Rightarrow\dfrac{6}{13}\bigcirc\dfrac{8}{15}$

8 $\left(\dfrac{14}{25},\ \dfrac{4}{11}\right)\Rightarrow\left(\dfrac{28}{\boxed{}},\ \dfrac{28}{\boxed{}}\right)$

$\Rightarrow\dfrac{14}{25}\bigcirc\dfrac{4}{11}$

11 분자가 분모보다 1만큼 더 작은 분수끼리의 크기 비교하기

(분모)-(분자)=1이면 분모가 클수록 커!

• $\frac{5}{6}$ 와 $\frac{8}{9}$ 의 크기 비교

분자가 분모보다 1만큼 더 작은 분수의 크기 비교는 분모의 크기를 비교합니다.

$\left(\frac{5}{6}, \frac{8}{9}\right)$ 분모의 크기비교 ▶ $6 < 9$ 분수의 크기비교 ▶ $\frac{5}{6} < \frac{8}{9}$

○ 분자가 분모보다 1만큼 더 작은 분수끼리의 크기를 비교하려고 합니다.
　○ 안에 >, =, <를 알맞게 써넣으시오.

9 $\left(\frac{1}{2}, \frac{2}{3}\right)$ ⇨ 분모: 2 ○ 3

⇨ $\frac{1}{2}$ ○ $\frac{2}{3}$

13 $\left(\frac{17}{18}, \frac{25}{26}\right)$ ⇨ 분모: 18 ○ 26

⇨ $\frac{17}{18}$ ○ $\frac{25}{26}$

10 $\left(\frac{6}{7}, \frac{12}{13}\right)$ ⇨ 분모: 7 ○ 13

⇨ $\frac{6}{7}$ ○ $\frac{12}{13}$

14 $\left(\frac{19}{20}, \frac{15}{16}\right)$ ⇨ 분모: 20 ○ 16

⇨ $\frac{19}{20}$ ○ $\frac{15}{16}$

11 $\left(\frac{7}{8}, \frac{4}{5}\right)$ ⇨ 분모: 8 ○ 5

⇨ $\frac{7}{8}$ ○ $\frac{4}{5}$

15 $\left(\frac{23}{24}, \frac{13}{14}\right)$ ⇨ 분모: 24 ○ 14

⇨ $\frac{23}{24}$ ○ $\frac{13}{14}$

12 $\left(\frac{9}{10}, \frac{11}{12}\right)$ ⇨ 분모: 10 ○ 12

⇨ $\frac{9}{10}$ ○ $\frac{11}{12}$

16 $\left(\frac{28}{29}, \frac{31}{32}\right)$ ⇨ 분모: 29 ○ 32

⇨ $\frac{28}{29}$ ○ $\frac{31}{32}$

12 시간을 기약분수로 나타내기

$\dfrac{1}{60}$ 시간

1분

$\dfrac{2}{60}$ 시간

2분

1시간

60분

$$\blacksquare분 = \frac{\blacksquare}{60}시간$$

- **10분을 기약분수로 나타내기**

$10분 = \dfrac{10}{60}시간 = \dfrac{1}{6}시간$

- **1시간 20분을 기약분수로 나타내기**

$1시간 20분 = 1\dfrac{20}{60}시간 = 1\dfrac{1}{3}시간$

○ 시간을 기약분수로 나타내어 보시오.

① 15분

$= \dfrac{\square}{60}시간 = \dfrac{\square}{\square}시간$

② 25분

$= \dfrac{\square}{60}시간 = \dfrac{\square}{\square}시간$

③ 30분

$= \dfrac{\square}{60}시간 = \dfrac{\square}{\square}시간$

④ 33분

$= \dfrac{\square}{60}시간 = \dfrac{\square}{\square}시간$

⑤ 1시간 14분

$= \square\dfrac{\square}{60}시간 = \square\dfrac{\square}{\square}시간$

⑥ 2시간 42분

$= \square\dfrac{\square}{60}시간 = \square\dfrac{\square}{\square}시간$

⑦ 2시간 52분

$= \square\dfrac{\square}{60}시간 = \square\dfrac{\square}{\square}시간$

⑧ 3시간 36분

$= \square\dfrac{\square}{60}시간 = \square\dfrac{\square}{\square}시간$

13 분수로 나타낸 시간을 몇 시간 몇 분으로 나타내기

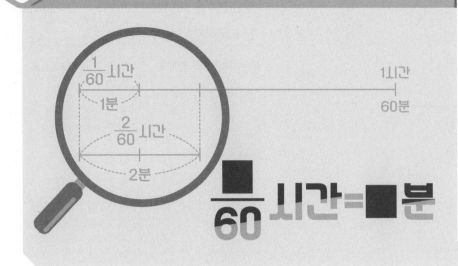

- $\frac{1}{2}$시간을 몇 분으로 나타내기

$\frac{1}{2}$시간$=\frac{30}{60}$시간$=30$분

- $1\frac{1}{10}$시간을 몇 시간 몇 분으로 나타내기

$1\frac{1}{10}$시간$=1\frac{6}{60}$시간$=1$시간 6분

○ 분수로 나타낸 시간을 몇 분 또는 몇 시간 몇 분으로 나타내어 보시오.

9 $\frac{1}{3}$시간$=\dfrac{\boxed{}}{60}$시간$=\boxed{}$분

10 $\frac{1}{5}$시간$=\dfrac{\boxed{}}{60}$시간$=\boxed{}$분

11 $\frac{8}{15}$시간$=\dfrac{\boxed{}}{60}$시간$=\boxed{}$분

12 $\frac{17}{30}$시간$=\dfrac{\boxed{}}{60}$시간$=\boxed{}$분

13 $1\frac{5}{6}$시간$=\boxed{}\dfrac{\boxed{}}{60}$시간

$=\boxed{}$시간$\boxed{}$분

14 $1\frac{9}{20}$시간$=\boxed{}\dfrac{\boxed{}}{60}$시간

$=\boxed{}$시간$\boxed{}$분

15 $2\frac{3}{4}$시간$=\boxed{}\dfrac{\boxed{}}{60}$시간

$=\boxed{}$시간$\boxed{}$분

16 $3\frac{7}{12}$시간$=\boxed{}\dfrac{\boxed{}}{60}$시간

$=\boxed{}$시간$\boxed{}$분

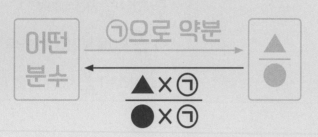

- 어떤 분수를 2로 약분한 분수가 $\frac{1}{3}$일 때, 어떤 분수 구하기

약분하기 전의 분수는 $\frac{1}{3} = \frac{1 \times 2}{3 \times 2} = \frac{2}{6}$입니다.

⇨ 어떤 분수는 $\frac{2}{6}$입니다.

○ 어떤 분수를 구해 보시오.

1 어떤 분수를 3으로 약분하였더니 $\frac{2}{3}$가 되었습니다.

(   )

4 어떤 분수를 7로 약분하였더니 $\frac{5}{9}$가 되었습니다.

(   )

2 어떤 분수를 2로 약분하였더니 $\frac{2}{5}$가 되었습니다.

(   )

5 어떤 분수를 5로 약분하였더니 $\frac{6}{11}$이 되었습니다.

(   )

3 어떤 분수를 9로 약분하였더니 $\frac{5}{6}$가 되었습니다.

(   )

6 어떤 분수를 6으로 약분하였더니 $\frac{8}{15}$이 되었습니다.

(   )

15 통분하기 전의 두 기약분수 구하기

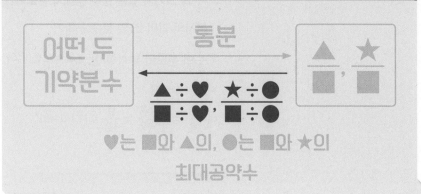

● 어떤 두 기약분수를 통분한 분수가 $\dfrac{2}{10}$, $\dfrac{5}{10}$

일 때, 통분하기 전의 두 기약분수 구하기

$\dfrac{2}{10}$와 $\dfrac{5}{10}$를 각각 분모와 분자의 최대공약수로

약분합니다.

$\dfrac{2}{10} = \dfrac{2 \div 2}{10 \div 2} = \dfrac{1}{5}$, $\dfrac{5}{10} = \dfrac{5 \div 5}{10 \div 5} = \dfrac{1}{2}$

⇨ 통분하기 전의 두 기약분수는 $\dfrac{1}{5}$, $\dfrac{1}{2}$입니다.

◎ 통분하기 전의 두 기약분수를 구해 보시오.

7
어떤 두 기약분수를 통분하였더니
$\dfrac{4}{6}$, $\dfrac{3}{6}$이 되었습니다.

(,   )

10
어떤 두 기약분수를 통분하였더니
$\dfrac{4}{24}$, $\dfrac{9}{24}$가 되었습니다.

(,   )

8
어떤 두 기약분수를 통분하였더니
$\dfrac{3}{12}$, $\dfrac{10}{12}$이 되었습니다.

(,   )

11
어떤 두 기약분수를 통분하였더니
$\dfrac{20}{45}$, $\dfrac{18}{45}$이 되었습니다.

(,   )

9
어떤 두 기약분수를 통분하였더니
$\dfrac{4}{14}$, $\dfrac{7}{14}$이 되었습니다.

(,   )

12
어떤 두 기약분수를 통분하였더니
$\dfrac{21}{56}$, $\dfrac{40}{56}$이 되었습니다.

(,   )

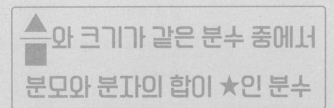

$\dfrac{\blacktriangle}{\blacksquare}$와 크기가 같은 분수 중에서

분모와 분자의 합이 ★인 분수

➡ ★ ÷ (■+▲)를 이용하면 쉬워!

- $\dfrac{3}{4}$과 크기가 같은 분수 중에서 분모와 분자의 합이 21인 분수 구하기
- $\dfrac{3}{4}$의 분모와 분자의 합: $4+3=7$
- $21 \div 7 = 3$

⇨ $\dfrac{3}{4} = \dfrac{3 \times 3}{4 \times 3} = \dfrac{9}{12}$] $12+9=21$

○ 설명에 알맞은 분수를 구해 보시오.

1 $\dfrac{5}{9}$와 크기가 같은 분수 중에서 분모와 분자의 합이 56인 분수

(   )

4 $\dfrac{3}{10}$과 크기가 같은 분수 중에서 분모와 분자의 합이 91인 분수

(   )

2 $\dfrac{1}{5}$과 크기가 같은 분수 중에서 분모와 분자의 합이 30인 분수

(   )

5 $\dfrac{5}{8}$와 크기가 같은 분수 중에서 분모와 분자의 합이 104인 분수

(   )

3 $\dfrac{2}{7}$와 크기가 같은 분수 중에서 분모와 분자의 합이 54인 분수

(   )

6 $\dfrac{5}{6}$와 크기가 같은 분수 중에서 분모와 분자의 합이 99인 분수

(   )

17 분모와 분자의 차를 알 때 크기가 같은 분수 구하기

$\dfrac{\blacktriangle}{\blacksquare}$와 크기가 같은 분수 중에서

분모와 분자의 차가 ★인 분수

➡ ★ ÷ (■－▲)를 이용하면 쉬워!

- $\dfrac{2}{5}$와 크기가 같은 분수 중에서 분모와

  분자의 차가 12인 분수 구하기

- $\dfrac{2}{5}$의 분모와 분자의 차: $5-2=3$

- $12 \div 3 = 4$

  $\Rightarrow \dfrac{2}{5} = \dfrac{2 \times 4}{5 \times 4} = \dfrac{8}{20} \Big] 20-8=12$

○ 설명에 알맞은 분수를 구해 보시오.

7 $\dfrac{1}{4}$과 크기가 같은 분수 중에서

분모와 분자의 차가 12인 분수

( )

10 $\dfrac{3}{7}$과 크기가 같은 분수 중에서

분모와 분자의 차가 28인 분수

( )

8 $\dfrac{8}{15}$과 크기가 같은 분수 중에서

분모와 분자의 차가 35인 분수

( )

11 $\dfrac{7}{12}$과 크기가 같은 분수 중에서

분모와 분자의 차가 40인 분수

( )

9 $\dfrac{5}{11}$와 크기가 같은 분수 중에서

분모와 분자의 차가 36인 분수

( )

12 $\dfrac{3}{10}$과 크기가 같은 분수 중에서

분모와 분자의 차가 63인 분수

( )

○ 크기가 같은 분수를 만들어 3개씩 써 보시오.

1 $\dfrac{4}{7}$ ⇨ (   )

2 $\dfrac{16}{32}$ ⇨ (   )

○ 약분한 분수를 모두 써 보시오.

3 $\dfrac{16}{20}$ ⇨ (   )

4 $\dfrac{12}{42}$ ⇨ (   )

○ 기약분수로 나타내어 보시오.

5 $\dfrac{15}{24}$ ⇨ (   )

6 $\dfrac{27}{36}$ ⇨ (   )

○ 두 분수를 통분해 보시오.

7 $\left(\dfrac{1}{3},\ \dfrac{5}{6} \right)$ ⇨ (,   )

8 $\left(\dfrac{7}{10},\ \dfrac{2}{15} \right)$ ⇨ (,   )

○ 분수의 크기를 비교하여 ◯ 안에 >, =, <를 알맞게 써넣으시오.

9 $\dfrac{3}{8}$ ◯ $\dfrac{5}{12}$

10 $1\dfrac{10}{21}$ ◯ $1\dfrac{4}{9}$

○ 분수와 소수의 크기를 비교하여 ◯ 안에 >, =, <를 알맞게 써넣으시오.

11 $\dfrac{3}{4}$ ◯ 0.6

12 $\dfrac{3}{20}$ ◯ 0.25

13 시간을 기약분수로 나타내어 보시오.

$$40분 = \frac{\boxed{}}{60} 시간 = \boxed{} 시간$$

14 분수로 나타낸 시간이 몇 시간 몇 분인지 나타내어 보시오.

$$1\frac{4}{5} 시간 = \boxed{}\frac{\boxed{}}{60} 시간$$

$$= \boxed{} 시간 \boxed{} 분$$

○ 어떤 분수를 구해 보시오.

15

어떤 분수를 4로 약분하였더니
$\frac{2}{7}$가 되었습니다.

(   )

16

어떤 분수를 3으로 약분하였더니
$\frac{7}{12}$이 되었습니다.

(   )

○ 통분하기 전의 두 기약분수를 구해 보시오.

17

어떤 두 기약분수를 통분하였더니
$\frac{6}{15}$, $\frac{10}{15}$이 되었습니다.

(,   )

18

어떤 두 기약분수를 통분하였더니
$\frac{20}{32}$, $\frac{16}{32}$이 되었습니다.

(,   )

19 $\frac{2}{3}$와 크기가 같은 분수 중에서 분모와 분자의 합이 25인 분수를 구해 보시오.

(   )

20 $\frac{5}{9}$와 크기가 같은 분수 중에서 분모와 분자의 차가 28인 분수를 구해 보시오.

(   )

분수의 덧셈과 뺄셈

◆ 맞힌 개수와 걸린 시간을 작성해 보세요.

학습 내용	일 차	맞힌 개수	걸린 시간
⑪ 받아내림이 있는 분모가 다른 대분수의 뺄셈	10일 차	/36개	/22분
⑫ 세 분수의 덧셈과 뺄셈	11일 차	/24개	/20분
⑬ 그림에서 두 분수의 뺄셈하기	12일 차	/14개	/11분
⑭ 두 분수의 차 구하기			
⑮ 덧셈식에서 어떤 수 구하기	13일 차	/16개	/16분
⑯ 뺄셈식에서 어떤 수 구하기			
⑰ 수 카드로 만든 가장 큰 대분수와 가장 작은 대분수의 합과 차 구하기	14일 차	/8개	/10분
⑱ 뺄셈 문장제	15일 차	/5개	/5분
⑲ 덧셈과 뺄셈 문장제	16일 차	/5개	/10분
⑳ 바르게 계산한 값 구하기	17일 차	/5개	/12분
평가 5. 분수의 덧셈과 뺄셈	18일 차	/20개	/25분

두 **분모의 곱**이나
최소공배수를
공통분모로 하여
통분한 후 더해!

- $\frac{1}{4} + \frac{1}{6}$의 계산

방법1 두 분모의 곱을 공통분모로 하여 통분한 후 계산하기

$$\frac{1}{4} + \frac{1}{6} = \frac{6}{24} + \frac{4}{24} = \frac{10}{24} = \frac{5}{12}$$

두 분모 4와 6의 곱   약분하기

방법2 두 분모의 최소공배수를 공통분모로 하여 통분한 후 계산하기

$$\frac{1}{4} + \frac{1}{6} = \frac{3}{12} + \frac{2}{12} = \frac{5}{12}$$

두 분모 4와 6의 최소공배수

○ 계산을 하여 기약분수로 나타내어 보시오.

① $\frac{1}{2} + \frac{1}{5} =$

② $\frac{1}{3} + \frac{1}{4} =$

③ $\frac{1}{6} + \frac{1}{15} =$

④ $\frac{1}{7} + \frac{1}{10} =$

⑤ $\frac{1}{8} + \frac{1}{9} =$

⑥ $\frac{1}{6} + \frac{7}{12} =$

⑦ $\frac{4}{7} + \frac{3}{14} =$

⑧ $\frac{2}{3} + \frac{1}{5} =$

⑨ $\frac{7}{16} + \frac{3}{8} =$

⑩ $\frac{5}{9} + \frac{1}{6} =$

⑪ $\frac{5}{18} + \frac{2}{9} =$

⑫ $\frac{1}{4} + \frac{3}{5} =$

⑬ $\frac{1}{10} + \frac{3}{4} =$

⑭ $\frac{2}{7} + \frac{2}{3} =$

⑮ $\frac{13}{25} + \frac{2}{5} =$

⑯ $\dfrac{5}{13} + \dfrac{11}{26} =$

⑰ $\dfrac{2}{15} + \dfrac{7}{10} =$

⑱ $\dfrac{3}{17} + \dfrac{1}{2} =$

⑲ $\dfrac{2}{9} + \dfrac{3}{4} =$

⑳ $\dfrac{3}{10} + \dfrac{5}{8} =$

㉑ $\dfrac{9}{20} + \dfrac{7}{40} =$

㉒ $\dfrac{5}{6} + \dfrac{1}{7} =$

㉓ $\dfrac{3}{14} + \dfrac{2}{3} =$

㉔ $\dfrac{5}{8} + \dfrac{2}{7} =$

㉕ $\dfrac{9}{20} + \dfrac{5}{12} =$

㉖ $\dfrac{5}{7} + \dfrac{1}{9} =$

㉗ $\dfrac{2}{5} + \dfrac{7}{13} =$

㉘ $\dfrac{13}{22} + \dfrac{4}{33} =$

㉙ $\dfrac{6}{35} + \dfrac{7}{10} =$

㉚ $\dfrac{1}{6} + \dfrac{10}{13} =$

㉛ $\dfrac{14}{27} + \dfrac{22}{81} =$

㉜ $\dfrac{8}{21} + \dfrac{9}{28} =$

㉝ $\dfrac{5}{18} + \dfrac{8}{15} =$

㉞ $\dfrac{2}{9} + \dfrac{4}{11} =$

㉟ $\dfrac{2}{13} + \dfrac{5}{9} =$

㊱ $\dfrac{8}{15} + \dfrac{3}{8} =$

두 분수를

통분하여 계산한 후

계산 결과가 **가분수이면**

대분수로 나타내!

・ $\dfrac{5}{6}+\dfrac{4}{9}$ 의 계산

방법 1 두 분모의 곱을 공통분모로 하여 통분한 후 계산하기

$$\frac{5}{6}+\frac{4}{9}=\frac{45}{54}+\frac{24}{54}=\frac{69}{54}=1\frac{15}{54}=1\frac{5}{18}$$

두 분모 6과 9의 곱

방법 2 두 분모의 최소공배수를 공통분모로 하여 통분한 후 계산하기

$$\frac{5}{6}+\frac{4}{9}=\frac{15}{18}+\frac{8}{18}=\frac{23}{18}=1\frac{5}{18}$$

두 분모 6과 9의 최소공배수 　　가분수를 대분수로 나타내기

○ 계산을 하여 기약분수로 나타내어 보시오.

① $\dfrac{1}{3}+\dfrac{5}{6}=$

② $\dfrac{8}{9}+\dfrac{2}{3}=$

③ $\dfrac{3}{10}+\dfrac{4}{5}=$

④ $\dfrac{5}{6}+\dfrac{1}{4}=$

⑤ $\dfrac{1}{2}+\dfrac{6}{7}=$

⑥ $\dfrac{3}{5}+\dfrac{7}{15}=$

⑦ $\dfrac{8}{9}+\dfrac{5}{6}=$

⑧ $\dfrac{11}{18}+\dfrac{2}{3}=$

⑨ $\dfrac{9}{20}+\dfrac{9}{10}=$

⑩ $\dfrac{13}{22}+\dfrac{8}{11}=$

⑪ $\dfrac{5}{8}+\dfrac{7}{12}=$

⑫ $\dfrac{3}{4}+\dfrac{5}{7}=$

⑬ $\dfrac{11}{14}+\dfrac{1}{4}=$

⑭ $\dfrac{5}{6}+\dfrac{3}{5}=$

⑮ $\dfrac{8}{15}+\dfrac{1}{2}=$

⑯ $\dfrac{10}{11} + \dfrac{1}{3} =$

⑰ $\dfrac{3}{7} + \dfrac{4}{5} =$

⑱ $\dfrac{7}{9} + \dfrac{5}{12} =$

⑲ $\dfrac{2}{3} + \dfrac{6}{13} =$

⑳ $\dfrac{11}{20} + \dfrac{7}{8} =$

㉑ $\dfrac{1}{6} + \dfrac{13}{14} =$

㉒ $\dfrac{5}{14} + \dfrac{29}{42} =$

㉓ $\dfrac{1}{4} + \dfrac{10}{11} =$

㉔ $\dfrac{5}{9} + \dfrac{8}{15} =$

㉕ $\dfrac{13}{16} + \dfrac{19}{24} =$

㉖ $\dfrac{6}{7} + \dfrac{3}{8} =$

㉗ $\dfrac{4}{5} + \dfrac{7}{12} =$

㉘ $\dfrac{17}{21} + \dfrac{8}{9} =$

㉙ $\dfrac{3}{4} + \dfrac{10}{17} =$

㉚ $\dfrac{17}{24} + \dfrac{4}{9} =$

㉛ $\dfrac{5}{7} + \dfrac{8}{11} =$

㉜ $\dfrac{9}{16} + \dfrac{7}{10} =$

㉝ $\dfrac{2}{9} + \dfrac{9}{10} =$

㉞ $\dfrac{8}{15} + \dfrac{11}{18} =$

㉟ $\dfrac{9}{13} + \dfrac{4}{7} =$

㊱ $\dfrac{7}{20} + \dfrac{21}{25} =$

대분수를 통분한 후

자연수는 자연수끼리, 분수는 분수끼리 더해!

- $1\frac{2}{3}+1\frac{1}{2}$의 계산

$$1\frac{2}{3}+1\frac{1}{2}=1\frac{4}{6}+1\frac{3}{6}$$

$$=(1+1)+\left(\frac{4}{6}+\frac{3}{6}\right) \quad \text{자연수끼리,} \\ \text{분수끼리 더하기}$$

$$=2+\frac{7}{6}=2+1\frac{1}{6}=3\frac{1}{6}$$

참고 $1\frac{2}{3}+1\frac{1}{2}=\frac{5}{3}+\frac{3}{2}=\frac{10}{6}+\frac{9}{6}=\frac{19}{6}=3\frac{1}{6}$

대분수를 가분수로 나타내기

○ 계산을 하여 기약분수로 나타내어 보시오.

① $2\frac{1}{6}+1\frac{1}{2}=$

② $1\frac{1}{3}+1\frac{1}{4}=$

③ $2\frac{1}{4}+3\frac{1}{18}=$

④ $1\frac{1}{8}+4\frac{1}{10}=$

⑤ $3\frac{1}{13}+2\frac{1}{5}=$

⑥ $1\frac{4}{9}+4\frac{1}{3}=$

⑦ $2\frac{1}{6}+7\frac{5}{12}=$

⑧ $3\frac{5}{6}+2\frac{1}{8}=$

⑨ $1\frac{7}{11}+1\frac{10}{33}=$

⑩ $4\frac{3}{4}+1\frac{2}{9}=$

⑪ $3\frac{2}{15}+2\frac{4}{9}=$

⑫ $3\frac{2}{7}+1\frac{3}{8}=$

⑬ $6\frac{3}{10}+1\frac{4}{7}=$

⑭ $2\frac{5}{16}+4\frac{9}{20}=$

⑮ $5\frac{13}{28}+3\frac{8}{21}=$

⑯ $1\dfrac{1}{2}+2\dfrac{5}{8}=$

⑰ $4\dfrac{9}{10}+2\dfrac{1}{2}=$

⑱ $2\dfrac{1}{4}+3\dfrac{5}{6}=$

⑲ $3\dfrac{2}{3}+1\dfrac{4}{5}=$

⑳ $1\dfrac{11}{16}+4\dfrac{7}{8}=$

㉑ $3\dfrac{2}{5}+6\dfrac{3}{4}=$

㉒ $3\dfrac{7}{8}+1\dfrac{5}{12}=$

㉓ $4\dfrac{7}{9}+3\dfrac{14}{27}=$

㉔ $4\dfrac{11}{15}+2\dfrac{17}{30}=$

㉕ $3\dfrac{5}{7}+2\dfrac{2}{5}=$

㉖ $6\dfrac{2}{3}+1\dfrac{9}{13}=$

㉗ $5\dfrac{5}{6}+1\dfrac{3}{7}=$

㉘ $6\dfrac{13}{14}+2\dfrac{1}{6}=$

㉙ $3\dfrac{9}{17}+3\dfrac{2}{3}=$

㉚ $1\dfrac{5}{28}+3\dfrac{7}{8}=$

㉛ $2\dfrac{8}{9}+2\dfrac{6}{7}=$

㉜ $1\dfrac{3}{10}+1\dfrac{11}{14}=$

㉝ $2\dfrac{13}{16}+5\dfrac{9}{20}=$

㉞ $3\dfrac{10}{17}+2\dfrac{3}{5}=$

㉟ $3\dfrac{5}{9}+4\dfrac{9}{11}=$

㊱ $2\dfrac{13}{14}+5\dfrac{7}{20}=$

화살표 방향에 따라 덧셈식을 세워!

● 빈칸에 알맞은 수 구하기

$\frac{2}{3}$	$\frac{1}{4}$	$\frac{11}{12}$
$\frac{7}{9}$	$\frac{5}{6}$	$1\frac{11}{18}$

$\begin{cases} \frac{2}{3}+\frac{1}{4}=\frac{11}{12} \end{cases}$

$\begin{cases} \frac{7}{9}+\frac{5}{6}=1\frac{11}{18} \end{cases}$

○ 빈칸에 알맞은 기약분수를 써넣으시오.

1 ⊕

$\frac{1}{3}$	$\frac{4}{9}$	
$\frac{6}{7}$	$\frac{11}{14}$	

4 ⊕

$\frac{3}{10}$	$\frac{8}{15}$	
$1\frac{5}{8}$	$1\frac{7}{12}$	

2 ⊕

$\frac{5}{16}$	$\frac{3}{8}$	
$\frac{4}{5}$	$\frac{5}{6}$	

5 ⊕

$\frac{5}{8}$	$\frac{7}{10}$	
$1\frac{3}{5}$	$3\frac{4}{7}$	

3 ⊕

$\frac{1}{4}$	$\frac{2}{7}$	
$3\frac{7}{9}$	$2\frac{2}{3}$	

6 ⊕

$\frac{3}{7}$	$\frac{5}{6}$	
$4\frac{7}{12}$	$1\frac{8}{9}$	

5 두 분수의 합 구하기

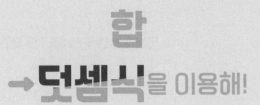

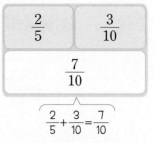

$$\frac{2}{5} \qquad \frac{3}{10}$$

$$\frac{7}{10}$$

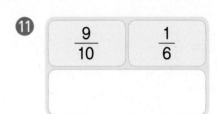

$$\frac{2}{5} + \frac{3}{10} = \frac{7}{10}$$

○ 두 분수의 합을 기약분수로 나타내어 빈칸에 써넣으시오.

❼

$\frac{3}{8}$	$\frac{1}{2}$

⑪

$\frac{9}{10}$	$\frac{1}{6}$

❽

$\frac{1}{4}$	$\frac{4}{11}$

⑫

$2\frac{16}{21}$	$5\frac{1}{3}$

❾

$\frac{5}{6}$	$\frac{3}{4}$

⑬

$1\frac{2}{5}$	$3\frac{7}{9}$

❿

$\frac{11}{15}$	$\frac{2}{3}$

⑭

$4\frac{6}{7}$	$2\frac{5}{8}$

6 빨셈식에서 어떤 수 구하기

덧셈과 뺄셈의 관계를 이용해!

$$\blacksquare - \blacktriangle = \bullet \quad \Rightarrow \quad \bullet + \blacktriangle = \blacksquare$$

- $\square - \dfrac{1}{2} = \dfrac{1}{5}$ 에서 $\square$의 값 구하기

$$\square - \dfrac{1}{2} = \dfrac{1}{5}$$

⇨ 덧셈과 뺄셈의 관계를 이용하면

$$\dfrac{1}{5} + \dfrac{1}{2} = \square, \ \square = \dfrac{7}{10}$$

○ 어떤 수($\square$)를 구하여 기약분수로 나타내어 보시오.

❶ $\square - \dfrac{1}{3} = \dfrac{1}{2}$

❺ $\square - \dfrac{4}{7} = \dfrac{2}{5}$

❷ $\square - \dfrac{1}{4} = \dfrac{3}{8}$

❻ $\square - \dfrac{1}{6} = \dfrac{2}{7}$

❸ $\square - \dfrac{2}{15} = \dfrac{3}{5}$

❼ $\square - \dfrac{7}{9} = \dfrac{1}{2}$

❹ $\square - \dfrac{5}{8} = \dfrac{3}{16}$

❽ $\square - \dfrac{3}{4} = \dfrac{5}{14}$

⑨ $\boxed{} - \dfrac{7}{8} = \dfrac{9}{20}$

⑭ $\boxed{} - 1\dfrac{2}{21} = 4\dfrac{9}{14}$

⑩ $\boxed{} - \dfrac{8}{15} = \dfrac{7}{9}$

⑮ $\boxed{} - 4\dfrac{5}{6} = 2\dfrac{4}{27}$

⑪ $\boxed{} - \dfrac{4}{7} = \dfrac{5}{9}$

⑯ $\boxed{} - 2\dfrac{3}{7} = 2\dfrac{2}{3}$

⑫ $\boxed{} - \dfrac{5}{8} = \dfrac{7}{18}$

⑰ $\boxed{} - 2\dfrac{7}{9} = 3\dfrac{3}{4}$

⑬ $\boxed{} - 3\dfrac{2}{5} = 2\dfrac{3}{10}$

⑱ $\boxed{} - 3\dfrac{7}{12} = 5\dfrac{8}{15}$

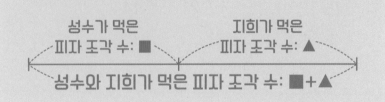

❶ 노란색 끈의 길이는 $\dfrac{2}{5}$ m이고, 파란색 끈의 길이는 노란색 끈의 길이보다 $\dfrac{1}{4}$ m 더 깁니다.

파란색 끈의 길이는 몇 m입니까?

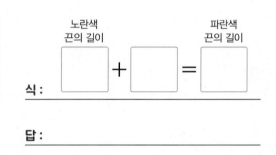

노란색
끈의 길이

＋

＝

파란색
끈의 길이

식 :

답 :

❷ 서연이네 가족이 물을 어제는 $2\dfrac{1}{2}$ L, 오늘은 $2\dfrac{2}{3}$ L 마셨습니다.

서연이네 가족이 어제와 오늘 마신 물은 모두 몇 L입니까?

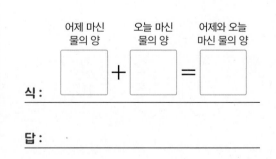

어제 마신
물의 양

오늘 마신
물의 양

어제와 오늘
마신 물의 양

＋

＝

식 :

답 :

❸ 현우 어머니가 시장에서 콩을 $\dfrac{5}{12}$ kg, 팥을 $\dfrac{3}{8}$ kg 샀습니다.

현우 어머니가 산 콩과 팥은 모두 몇 kg입니까?

식 : _____

답 : _____

❹ 학교에서 공원까지의 거리는 $\dfrac{5}{7}$ km이고, 공원에서 서점까지의 거리는 $\dfrac{4}{9}$ km입니다.

학교에서 공원을 지나 서점까지의 거리는 모두 몇 km입니까?

식 : _____

답 : _____

❺ 컵에 매실 원액 $2\dfrac{4}{15}$ L와 물 $4\dfrac{5}{6}$ L를 넣어 매실 음료를 만들었습니다.

만든 매실 음료는 모두 몇 L입니까?

식 : _____

답 : _____

8 바르게 계산한 값 구하기

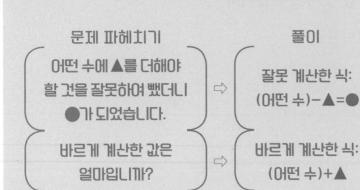

문제 파헤치기

어떤 수에 ▲를 더해야 할 것을 잘못하여 뺐더니 ●가 되었습니다. ⇨

바르게 계산한 값은 얼마입니까? ⇨

풀이

잘못 계산한 식:
(어떤 수)−▲=●

바르게 계산한 식:
(어떤 수)+▲

● 문제를 읽고 해결하기

어떤 수에 $\frac{1}{3}$을 더해야 할 것을 잘못하여 뺐더니 $\frac{2}{5}$가 되었습니다.

바르게 계산한 값은 얼마입니까?

풀이 어떤 수 $\square - \frac{1}{3} = \frac{2}{5} \Rightarrow \frac{2}{5} + \frac{1}{3} = \square,\ \square = \frac{11}{15}$

따라서 바르게 계산한 값은

$\frac{11}{15} + \frac{1}{3} = 1\frac{1}{15}$ 입니다.

답 $1\frac{1}{15}$

① 어떤 수에 $\frac{1}{2}$을 더해야 할 것을 잘못하여 뺐더니 $\frac{1}{8}$이 되었습니다.

바르게 계산한 값은 얼마입니까?

✎ 풀이 공간

어떤 수
$\blacksquare - \frac{1}{2} = \boxed{} \Rightarrow \boxed{} + \frac{1}{2} = \blacksquare,\ \blacksquare = \boxed{}$

따라서 바르게 계산한 값은 $\boxed{} + \frac{1}{2} = \boxed{}$ 입니다.

답 : _____

② 어떤 수에 $1\frac{3}{5}$을 더해야 할 것을 잘못하여 뺐더니 $1\frac{4}{15}$가 되었습니다.

바르게 계산한 값은 얼마입니까?

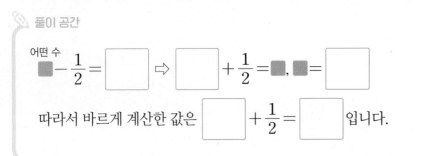

어떤 수
$\blacksquare - 1\frac{3}{5} = \boxed{} \Rightarrow \boxed{} + 1\frac{3}{5} = \blacksquare,\ \blacksquare = \boxed{}$

따라서 바르게 계산한 값은 $\boxed{} + 1\frac{3}{5} = \boxed{}$ 입니다.

답 : _____

③ 어떤 수에 $\frac{3}{5}$을 더해야 할 것을 잘못하여 뺐더니 $\frac{2}{7}$가 되었습니다.

바르게 계산한 값은 얼마입니까?

답 : _____

④ 어떤 수에 $2\frac{1}{4}$을 더해야 할 것을 잘못하여 뺐더니 $1\frac{3}{10}$이 되었습니다.

바르게 계산한 값은 얼마입니까?

답 : _____

⑤ 어떤 수에 $2\frac{4}{9}$를 더해야 할 것을 잘못하여 뺐더니 $3\frac{1}{4}$이 되었습니다.

바르게 계산한 값은 얼마입니까?

답 : _____

두 **분모의 곱**이나
최소공배수를
공통분모로 하여
통분한 후 빼!

• $\dfrac{3}{4} - \dfrac{3}{10}$의 계산

방법 1 두 분모의 곱을 공통분모로 하여 통분한 후 계산하기

$$\dfrac{3}{4} - \dfrac{3}{10} = \dfrac{30}{40} - \dfrac{12}{40} = \dfrac{18}{40} = \dfrac{9}{20}$$

두 분모 4와 10의 곱   약분하기

방법 2 두 분모의 최소공배수를 공통분모로 하여 통분한 후 계산하기

$$\dfrac{3}{4} - \dfrac{3}{10} = \dfrac{15}{20} - \dfrac{6}{20} = \dfrac{9}{20}$$

두 분모 4와 10의 최소공배수

○ 계산을 하여 기약분수로 나타내어 보시오.

❶ $\dfrac{1}{3} - \dfrac{1}{9} =$

❷ $\dfrac{1}{4} - \dfrac{1}{6} =$

❸ $\dfrac{1}{2} - \dfrac{1}{11} =$

❹ $\dfrac{1}{5} - \dfrac{1}{7} =$

❺ $\dfrac{1}{10} - \dfrac{1}{12} =$

❻ $\dfrac{5}{6} - \dfrac{1}{3} =$

❼ $\dfrac{4}{5} - \dfrac{7}{10} =$

❽ $\dfrac{6}{7} - \dfrac{1}{2} =$

❾ $\dfrac{2}{3} - \dfrac{3}{5} =$

❿ $\dfrac{3}{4} - \dfrac{9}{16} =$

⓫ $\dfrac{1}{2} - \dfrac{4}{9} =$

⓬ $\dfrac{8}{9} - \dfrac{1}{6} =$

⓭ $\dfrac{2}{5} - \dfrac{1}{4} =$

⓮ $\dfrac{9}{10} - \dfrac{7}{20} =$

⓯ $\dfrac{1}{3} - \dfrac{2}{7} =$

⑯ $\dfrac{7}{8} - \dfrac{2}{3} =$

⑰ $\dfrac{11}{24} - \dfrac{1}{6} =$

⑱ $\dfrac{6}{7} - \dfrac{3}{4} =$

⑲ $\dfrac{9}{14} - \dfrac{9}{28} =$

⑳ $\dfrac{5}{6} - \dfrac{2}{5} =$

㉑ $\dfrac{1}{4} - \dfrac{3}{18} =$

㉒ $\dfrac{5}{12} - \dfrac{1}{9} =$

㉓ $\dfrac{1}{3} - \dfrac{4}{13} =$

㉔ $\dfrac{9}{10} - \dfrac{3}{8} =$

㉕ $\dfrac{5}{6} - \dfrac{4}{7} =$

㉖ $\dfrac{13}{16} - \dfrac{7}{24} =$

㉗ $\dfrac{7}{18} - \dfrac{8}{27} =$

㉘ $\dfrac{3}{5} - \dfrac{4}{11} =$

㉙ $\dfrac{9}{14} - \dfrac{5}{8} =$

㉚ $\dfrac{5}{6} - \dfrac{9}{20} =$

㉛ $\dfrac{3}{10} - \dfrac{3}{14} =$

㉜ $\dfrac{22}{25} - \dfrac{13}{15} =$

㉝ $\dfrac{3}{5} - \dfrac{7}{16} =$

㉞ $\dfrac{13}{21} - \dfrac{3}{28} =$

㉟ $\dfrac{4}{9} - \dfrac{7}{30} =$

㊱ $\dfrac{13}{22} - \dfrac{8}{55} =$

$\bullet\ 2\dfrac{3}{4}-1\dfrac{1}{8}$의 계산

$$2\dfrac{3}{4}-1\dfrac{1}{8}=2\dfrac{6}{8}-1\dfrac{1}{8}$$
$$=(2-1)+\left(\dfrac{6}{8}-\dfrac{1}{8}\right)\ \text{— 자연수끼리, 분수끼리 빼기}$$
$$=1+\dfrac{5}{8}=1\dfrac{5}{8}$$

참고 $2\dfrac{3}{4}-1\dfrac{1}{8}=\dfrac{11}{4}-\dfrac{9}{8}=\dfrac{22}{8}-\dfrac{9}{8}=\dfrac{13}{8}=1\dfrac{5}{8}$

대분수를 가분수로 나타내기

대분수를 통분한 후

자연수는 자연수끼리, 분수는 분수끼리 빼!

○ 계산을 하여 기약분수로 나타내어 보시오.

① $3\dfrac{1}{2}-1\dfrac{1}{4}=$

② $5\dfrac{1}{6}-2\dfrac{1}{9}=$

③ $6\dfrac{1}{11}-4\dfrac{1}{22}=$

④ $8\dfrac{1}{3}-5\dfrac{1}{13}=$

⑤ $4\dfrac{1}{7}-3\dfrac{1}{12}=$

⑥ $5\dfrac{8}{9}-2\dfrac{2}{3}=$

⑦ $4\dfrac{4}{5}-3\dfrac{1}{2}=$

⑧ $7\dfrac{2}{5}-1\dfrac{3}{10}=$

⑨ $5\dfrac{5}{6}-5\dfrac{3}{4}=$

⑩ $8\dfrac{7}{12}-6\dfrac{1}{3}=$

⑪ $3\dfrac{1}{2}-1\dfrac{3}{7}=$

⑫ $8\dfrac{1}{3}-4\dfrac{2}{15}=$

⑬ $4\dfrac{7}{8}-3\dfrac{5}{16}=$

⑭ $6\dfrac{8}{9}-3\dfrac{1}{2}=$

⑮ $7\dfrac{11}{18}-2\dfrac{1}{6}=$

⑯ $8\dfrac{3}{4}-4\dfrac{1}{5}=$

⑰ $3\dfrac{16}{21}-1\dfrac{2}{3}=$

⑱ $4\dfrac{1}{2}-3\dfrac{6}{13}=$

⑲ $5\dfrac{6}{7}-2\dfrac{3}{4}=$

⑳ $6\dfrac{5}{6}-2\dfrac{7}{15}=$

㉑ $7\dfrac{3}{10}-5\dfrac{1}{6}=$

㉒ $5\dfrac{1}{3}-1\dfrac{2}{11}=$

㉓ $4\dfrac{3}{5}-1\dfrac{1}{7}=$

㉔ $5\dfrac{3}{4}-4\dfrac{5}{9}=$

㉕ $3\dfrac{11}{12}-1\dfrac{7}{18}=$

㉖ $6\dfrac{7}{8}-5\dfrac{13}{20}=$

㉗ $8\dfrac{4}{15}-4\dfrac{2}{9}=$

㉘ $7\dfrac{5}{6}-3\dfrac{9}{16}=$

㉙ $5\dfrac{10}{13}-2\dfrac{3}{4}=$

㉚ $6\dfrac{5}{8}-6\dfrac{5}{14}=$

㉛ $5\dfrac{4}{9}-3\dfrac{2}{21}=$

㉜ $3\dfrac{9}{22}-2\dfrac{4}{33}=$

㉝ $4\dfrac{7}{10}-1\dfrac{2}{7}=$

㉞ $6\dfrac{7}{9}-4\dfrac{17}{24}=$

㉟ $8\dfrac{5}{7}-5\dfrac{6}{11}=$

㊱ $7\dfrac{5}{16}-6\dfrac{3}{10}=$

분수 부분끼리 뺄 수 없으면
자연수 부분에서
1을 받아내림해서
계산해!

$\cdot\, 3\dfrac{1}{3}-1\dfrac{1}{2}$의 계산

자연수 부분에서 1을 받아내림

$$3\dfrac{1}{3}-1\dfrac{1}{2}=3\dfrac{2}{6}-1\dfrac{3}{6}=2\dfrac{8}{6}-1\dfrac{3}{6}$$

$$=(2-1)+\left(\dfrac{8}{6}-\dfrac{3}{6}\right)$$

$$=1+\dfrac{5}{6}=1\dfrac{5}{6}$$

○ 계산을 하여 기약분수로 나타내어 보시오.

① $5\dfrac{1}{6}-4\dfrac{1}{2}=$

② $4\dfrac{1}{7}-1\dfrac{1}{3}=$

③ $6\dfrac{1}{8}-3\dfrac{1}{5}=$

④ $7\dfrac{1}{28}-2\dfrac{1}{8}=$

⑤ $3\dfrac{1}{10}-1\dfrac{1}{9}=$

⑥ $3\dfrac{3}{8}-2\dfrac{3}{4}=$

⑦ $6\dfrac{3}{10}-4\dfrac{2}{5}=$

⑧ $5\dfrac{1}{4}-1\dfrac{5}{6}=$

⑨ $8\dfrac{7}{12}-5\dfrac{3}{4}=$

⑩ $4\dfrac{2}{7}-3\dfrac{1}{2}=$

⑪ $6\dfrac{1}{5}-3\dfrac{1}{3}=$

⑫ $2\dfrac{4}{9}-1\dfrac{1}{2}=$

⑬ $5\dfrac{5}{18}-2\dfrac{8}{9}=$

⑭ $4\dfrac{1}{4}-1\dfrac{3}{5}=$

⑮ $3\dfrac{7}{10}-2\dfrac{3}{4}=$

⑯ $6\dfrac{3}{11}-3\dfrac{1}{2}=$

⑰ $7\dfrac{3}{8}-5\dfrac{2}{3}=$

⑱ $5\dfrac{2}{5}-1\dfrac{14}{25}=$

⑲ $8\dfrac{3}{26}-2\dfrac{2}{13}=$

⑳ $9\dfrac{1}{3}-5\dfrac{7}{10}=$

㉑ $7\dfrac{1}{6}-1\dfrac{4}{15}=$

㉒ $4\dfrac{5}{7}-2\dfrac{4}{5}=$

㉓ $8\dfrac{3}{4}-5\dfrac{17}{18}=$

㉔ $9\dfrac{5}{9}-1\dfrac{7}{12}=$

㉕ $7\dfrac{3}{8}-4\dfrac{9}{10}=$

㉖ $2\dfrac{3}{14}-1\dfrac{5}{6}=$

㉗ $5\dfrac{4}{9}-3\dfrac{4}{5}=$

㉘ $4\dfrac{7}{18}-2\dfrac{14}{27}=$

㉙ $6\dfrac{4}{7}-1\dfrac{7}{8}=$

㉚ $3\dfrac{7}{30}-1\dfrac{9}{20}=$

㉛ $5\dfrac{5}{9}-2\dfrac{6}{7}=$

㉜ $4\dfrac{7}{24}-3\dfrac{11}{36}=$

㉝ $7\dfrac{5}{12}-4\dfrac{3}{7}=$

㉞ $6\dfrac{3}{8}-5\dfrac{5}{11}=$

㉟ $8\dfrac{4}{15}-3\dfrac{11}{18}=$

㊱ $7\dfrac{9}{20}-2\dfrac{12}{25}=$

두 분수씩 **앞에서부터** **차례대로** 계산해!

$\bullet \dfrac{4}{5} - \dfrac{1}{2} + \dfrac{2}{3}$의 계산

방법1 두 분수씩 통분하여 계산하기

$$\dfrac{4}{5} - \dfrac{1}{2} + \dfrac{2}{3} = \left(\dfrac{8}{10} - \dfrac{5}{10}\right) + \dfrac{2}{3} = \dfrac{3}{10} + \dfrac{2}{3}$$
$$= \dfrac{9}{30} + \dfrac{20}{30} = \dfrac{29}{30}$$

방법2 세 분수를 한꺼번에 통분하여 계산하기

$$\dfrac{4}{5} - \dfrac{1}{2} + \dfrac{2}{3} = \dfrac{24}{30} - \dfrac{15}{30} + \dfrac{20}{30} = \dfrac{29}{30}$$

○ 계산을 하여 기약분수로 나타내어 보시오.

① $\dfrac{1}{8} + \dfrac{1}{2} - \dfrac{1}{4} =$

② $\dfrac{1}{3} + \dfrac{1}{6} - \dfrac{1}{9} =$

③ $\dfrac{9}{14} + \dfrac{3}{7} - \dfrac{2}{3} =$

④ $\dfrac{4}{5} + \dfrac{2}{7} - \dfrac{3}{10} =$

⑤ $\dfrac{8}{9} + \dfrac{3}{8} - \dfrac{5}{6} =$

⑥ $\dfrac{2}{3} - \dfrac{1}{2} + \dfrac{1}{4} =$

⑦ $\dfrac{5}{6} - \dfrac{1}{3} + \dfrac{7}{18} =$

⑧ $\dfrac{5}{8} - \dfrac{1}{4} + \dfrac{5}{12} =$

⑨ $\dfrac{7}{8} - \dfrac{1}{7} + \dfrac{1}{2} =$

⑩ $\dfrac{7}{9} - \dfrac{1}{6} + \dfrac{7}{10} =$

⑪ $4\dfrac{2}{5}+\dfrac{1}{3}-2\dfrac{8}{15}=$

⑱ $4\dfrac{1}{10}-1\dfrac{4}{5}+3\dfrac{1}{4}=$

⑫ $2\dfrac{1}{6}+\dfrac{5}{8}-\dfrac{3}{4}=$

⑲ $3\dfrac{1}{2}-\dfrac{1}{3}+\dfrac{8}{15}=$

⑬ $\dfrac{2}{7}+1\dfrac{1}{2}-\dfrac{3}{4}=$

⑳ $5\dfrac{7}{9}-3\dfrac{5}{6}+\dfrac{3}{4}=$

⑭ $5\dfrac{2}{3}+4\dfrac{3}{5}-6\dfrac{1}{2}=$

㉑ $3\dfrac{1}{14}-2\dfrac{2}{7}+\dfrac{5}{6}=$

⑮ $\dfrac{1}{2}+5\dfrac{3}{8}-2\dfrac{9}{10}=$

㉒ $4\dfrac{4}{5}-\dfrac{1}{9}+\dfrac{1}{3}=$

⑯ $\dfrac{8}{9}+\dfrac{6}{7}-1\dfrac{2}{3}=$

㉓ $4\dfrac{1}{3}-2\dfrac{2}{5}+3\dfrac{1}{4}=$

⑰ $3\dfrac{1}{2}+2\dfrac{1}{8}-4\dfrac{5}{9}=$

㉔ $\dfrac{11}{12}-\dfrac{3}{4}+2\dfrac{4}{7}=$

화살표 방향에 따라 뺄셈식을 세워!

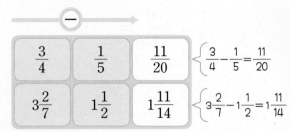

● 빈칸에 알맞은 수 구하기

| $\frac{3}{4}$ | $\frac{1}{5}$ | $\frac{11}{20}$ | $\begin{cases} \frac{3}{4} - \frac{1}{5} = \frac{11}{20} \end{cases}$ |
| $3\frac{2}{7}$ | $1\frac{1}{2}$ | $1\frac{11}{14}$ | $\begin{cases} 3\frac{2}{7} - 1\frac{1}{2} = 1\frac{11}{14} \end{cases}$ |

○ 빈칸에 알맞은 기약분수를 써넣으시오.

❶

| $\frac{1}{2}$ | $\frac{1}{6}$ | |
| $5\frac{4}{9}$ | $2\frac{1}{3}$ | |

❷

| $\frac{2}{3}$ | $\frac{4}{7}$ | |
| $3\frac{5}{6}$ | $1\frac{1}{9}$ | |

❸

| $\frac{7}{10}$ | $\frac{3}{8}$ | |
| $4\frac{3}{5}$ | $1\frac{2}{3}$ | |

❹

| $\frac{5}{9}$ | $\frac{2}{5}$ | |
| $3\frac{1}{4}$ | $1\frac{3}{10}$ | |

❺

| $5\frac{7}{15}$ | $3\frac{7}{30}$ | |
| $6\frac{4}{7}$ | $2\frac{3}{4}$ | |

❻

| $4\frac{5}{14}$ | $1\frac{1}{6}$ | |
| $7\frac{3}{8}$ | $4\frac{4}{9}$ | |

14 두 분수의 차 구하기

● 두 분수의 차 구하기

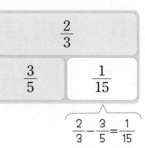

$$\frac{2}{3} - \frac{3}{5} = \frac{1}{15}$$

○ 두 분수의 차를 기약분수로 나타내어 빈칸에 써넣으시오.

7
$\dfrac{8}{9}$	
$\dfrac{2}{3}$	

11
$7\dfrac{7}{12}$	
$5\dfrac{3}{8}$	

8
$\dfrac{3}{4}$	
$\dfrac{4}{7}$	

12
$3\dfrac{4}{5}$	
$1\dfrac{5}{6}$	

9
$3\dfrac{7}{8}$	
$2\dfrac{1}{4}$	

13
$5\dfrac{3}{14}$	
$4\dfrac{8}{21}$	

10
$2\dfrac{9}{10}$	
$1\dfrac{1}{2}$	

14
$6\dfrac{5}{24}$	
$3\dfrac{7}{9}$	

덧셈과 뺄셈의 관계를 이용해!

$$\blacksquare + \blacktriangle = \bullet \quad \Rightarrow \quad \begin{cases} \bullet - \blacktriangle = \blacksquare \\ \bullet - \blacksquare = \blacktriangle \end{cases}$$

• $\frac{1}{4} + \square = \frac{5}{6}$ 에서 $\square$의 값 구하기

$$\frac{1}{4} + \square = \frac{5}{6}$$

⇨ 덧셈과 뺄셈의 관계를 이용하면

$$\frac{5}{6} - \frac{1}{4} = \square, \quad \square = \frac{7}{12}$$

○ 어떤 수($\square$)를 구하여 기약분수로 나타내어 보시오.

1 $\square + \dfrac{2}{3} = \dfrac{7}{9}$

2 $\square + \dfrac{1}{2} = \dfrac{5}{7}$

3 $\square + 3\dfrac{3}{10} = 4\dfrac{11}{15}$

4 $\square + 2\dfrac{1}{6} = 5\dfrac{1}{9}$

5 $\dfrac{2}{9} + \square = \dfrac{8}{15}$

6 $1\dfrac{7}{18} + \square = 3\dfrac{5}{12}$

7 $2\dfrac{4}{7} + \square = 2\dfrac{7}{8}$

8 $4\dfrac{1}{2} + \square = 6\dfrac{5}{11}$

16 뺄셈식에서 어떤 수 구하기

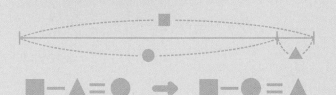

수직선을 이용해 뺄셈식을

다른 뺄셈식으로 만들어!

■－▲＝● ➡ ■－●＝▲

$\bullet \dfrac{4}{5} - \square = \dfrac{7}{10}$ 에서 $\square$ 의 값 구하기

$\dfrac{4}{5} - \square = \dfrac{7}{10}$

$\Rightarrow \square = \dfrac{4}{5} - \dfrac{7}{10}, \square = \dfrac{1}{10}$

○ 어떤 수($\square$)를 구하여 기약분수로 나타내어 보시오.

❾ $\dfrac{5}{6} - \square = \dfrac{3}{14}$

❿ $\dfrac{4}{9} - \square = \dfrac{3}{8}$

⓫ $8\dfrac{2}{5} - \square = 5\dfrac{2}{7}$

⓬ $3\dfrac{8}{21} - \square = 1\dfrac{2}{9}$

⓭ $5\dfrac{7}{10} - \square = 1\dfrac{4}{9}$

⓮ $3\dfrac{3}{4} - \square = 2\dfrac{7}{8}$

⓯ $6\dfrac{1}{8} - \square = 3\dfrac{5}{6}$

⓰ $7\dfrac{4}{15} - \square = 4\dfrac{9}{20}$

17 수 카드로 만든 가장 큰 대분수와 가장 작은 대분수의 합과 차 구하기

세 수 ③>②>①일 때

가장 **큰** 대분수   가장 **작은** 대분수

$3\dfrac{①}{②}$ $①\dfrac{②}{③}$

가장 큰 수   가장 작은 수

● 수 카드 3장을 한 번씩만 사용하여 만들 수 있는
가장 큰 대분수와 가장 작은 대분수의 합과 차 구하기

가장 큰 대분수: $5\dfrac{1}{3}$, 가장 작은 대분수: $1\dfrac{3}{5}$
    가장 큰 수 ●┘   가장 작은 수 ●┘

⇨ 두 대분수의 합은 $5\dfrac{1}{3}+1\dfrac{3}{5}=6\dfrac{14}{15}$,

차는 $5\dfrac{1}{3}-1\dfrac{3}{5}=3\dfrac{11}{15}$입니다.

○ 수 카드 3장을 한 번씩만 사용하여 가장 큰 대분수와 가장 작은 대분수를 만들었습니다.
만든 두 대분수의 합과 차를 구하는 식을 만들고 계산해 보시오.

❶   ⇨

합 구하기	차 구하기

❷   ⇨

합 구하기	차 구하기

❸   ⇨

합 구하기	차 구하기

❹ 3 2 7 ⇨

합 구하기	차 구하기

❺ 8 1 3 ⇨

합 구하기	차 구하기

❻ 5 7 4 ⇨

합 구하기	차 구하기

❼ 4 9 1 ⇨

합 구하기	차 구하기

❽ 2 5 9 ⇨

합 구하기	차 구하기

18 뺄셈 문장제

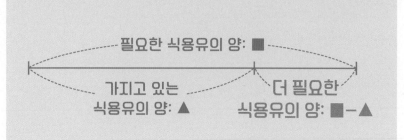

● 문제를 읽고 식을 세워 답 구하기

튀김을 만드는 데 식용유가 $6\frac{4}{7}$컵 필요합니다.

서우는 식용유를 $4\frac{1}{2}$컵 가지고 있습니다.

서우가 튀김을 만들려면 식용유는 몇 컵 더 필요합니까?

식 $6\frac{4}{7}-4\frac{1}{2}=2\frac{1}{14}$

답 $2\frac{1}{14}$컵

1 밤이 $\frac{5}{8}$ kg 있고, 땅콩은 밤보다 $\frac{1}{4}$ kg 더 적게 있습니다. 땅콩은 몇 kg 있습니까?

계산 공간

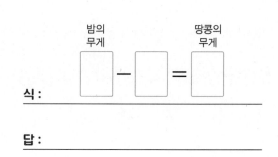

식 :

답 :

2 단풍나무의 높이는 $7\frac{3}{7}$ m이고, 소나무의 높이는 $5\frac{1}{2}$ m입니다.

단풍나무의 높이는 소나무의 높이보다 몇 m 더 높습니까?

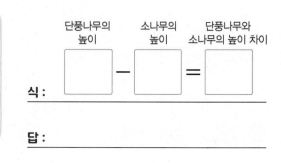

식 :

답 :

❸ 물통에 물이 $\dfrac{2}{3}$ L 들어 있었습니다.

그중에서 $\dfrac{2}{5}$ L를 사용했다면 남은 물은 몇 L입니까?

식 : _____

답 : _____

❹ 현아는 색종이를 $8\dfrac{9}{10}$ 장 사용했고, 주호는 $5\dfrac{3}{4}$ 장 사용했습니다.

현아는 주호보다 색종이를 몇 장 더 많이 사용했습니까?

식 : _____

답 : _____

❺ 진성이네 집에서 할머니 댁까지의 거리는 $4\dfrac{1}{15}$ km입니다.

진성이가 집에서 할머니 댁까지 가는 데 $3\dfrac{7}{9}$ km는 버스를 타고 갔고

나머지는 걸어서 갔습니다. 걸어서 간 거리는 몇 km입니까?

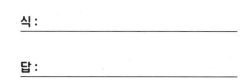

식 : _____

답 : _____

19

덧셈과 뺄셈 문장제

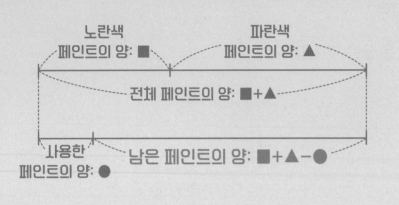

● 문제를 읽고 식을 세워 답 구하기

노란색 페인트 $\frac{1}{2}$ L와 파란색 페인트 $\frac{3}{4}$ L를 섞었습니다.

그중에서 $\frac{1}{6}$ L를 사용했다면 남은 페인트는 몇 L입니까?

식 $\frac{1}{2}+\frac{3}{4}-\frac{1}{6}=1\frac{1}{12}$

답 $1\frac{1}{12}$ L

---

❶ 수조에 찬물 $\frac{1}{9}$ L와 더운물 $\frac{1}{3}$ L를 부어서 섞었습니다.

그중에서 $\frac{3}{10}$ L를 사용했다면 남은 물은 몇 L입니까?

✎ 계산 공간

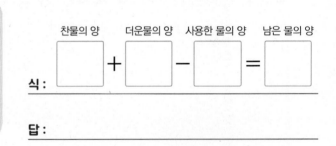

찬물의 양		더운물의 양		사용한 물의 양		남은 물의 양
□	+	□	−	□	=	□

식 :

답 :

---

❷ 항아리에 쌀이 $2\frac{5}{8}$ kg 들어 있었습니다.

그중에서 $1\frac{1}{4}$ kg을 먹고 $1\frac{1}{2}$ kg을 사서 다시 항아리에 넣었습니다.

항아리에 들어 있는 쌀은 몇 kg입니까?

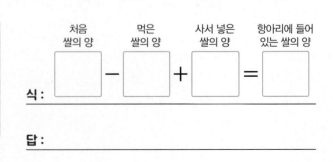

처음 쌀의 양		먹은 쌀의 양		사서 넣은 쌀의 양		항아리에 들어 있는 쌀의 양
□	−	□	+	□	=	□

식 :

답 :

③ 현지네 집에 있던 주스 $\dfrac{7}{10}$ L 중에서 $\dfrac{3}{20}$ L를 마셨습니다.

어머니께서 주스 $\dfrac{2}{5}$ L를 더 사 오셨다면 현지네 집에 있는 주스는 몇 L입니까?

식 : _____

답 : _____

④ 경수는 지점토를 $3\dfrac{5}{6}$ kg 가지고 있었습니다. 지점토를 동생에게 $1\dfrac{4}{7}$ kg 주고

친구에게서 $2\dfrac{2}{3}$ kg 받았다면 경수가 가지고 있는 지점토는 몇 kg입니까?

식 : _____

답 : _____

⑤ 빨간색 테이프가 $2\dfrac{4}{5}$ m 있습니다. 노란색 테이프는 빨간색 테이프보다 $1\dfrac{1}{2}$ m 더 길고,

초록색 테이프는 노란색 테이프보다 $1\dfrac{7}{15}$ m 더 짧습니다. 초록색 테이프는 몇 m입니까?

식 : _____

답 : _____

20 바르게 계산한 값 구하기

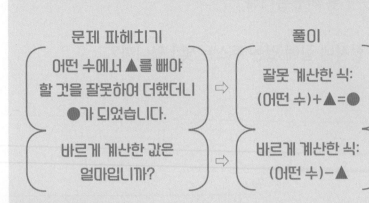

문제 파헤치기

어떤 수에서 ▲를 빼야
할 것을 잘못하여 더했더니
●가 되었습니다.

바르게 계산한 값은
얼마입니까?

풀이

잘못 계산한 식:
(어떤 수)+▲=●

바르게 계산한 식:
(어떤 수)−▲

● 문제를 읽고 해결하기

어떤 수에서 $\frac{3}{8}$을 빼야 할 것을 잘못하여

더했더니 $\frac{11}{12}$이 되었습니다.

바르게 계산한 값은 얼마입니까?

풀이 어떤 수 $\square + \frac{3}{8} = \frac{11}{12} \Rightarrow \frac{11}{12} - \frac{3}{8} = \square, \square = \frac{13}{24}$

따라서 바르게 계산한 값은

$\frac{13}{24} - \frac{3}{8} = \frac{1}{6}$입니다.

답 $\frac{1}{6}$

---

1 어떤 수에서 $\frac{2}{7}$를 빼야 할 것을 잘못하여 더했더니 $\frac{2}{3}$가 되었습니다.

바르게 계산한 값은 얼마입니까?

✎ 풀이 공간

어떤 수
$\blacksquare + \frac{2}{7} = \boxed{} \Rightarrow \boxed{} - \frac{2}{7} = \blacksquare, \blacksquare = \boxed{}$

따라서 바르게 계산한 값은 $\boxed{} - \frac{2}{7} = \boxed{}$입니다.

답 :

---

2 $2\frac{3}{10}$에서 어떤 수를 빼야 할 것을 잘못하여 더했더니 $3\frac{4}{5}$가 되었습니다.

바르게 계산한 값은 얼마입니까?

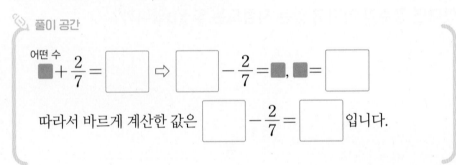

어떤 수
$2\frac{3}{10} + \blacksquare = \boxed{} \Rightarrow \boxed{} - 2\frac{3}{10} = \blacksquare, \blacksquare = \boxed{}$

따라서 바르게 계산한 값은 $2\frac{3}{10} - \boxed{} = \boxed{}$입니다.

답 :

❸ 어떤 수에서 $\frac{1}{8}$을 빼야 할 것을 잘못하여 더했더니 $\frac{5}{6}$가 되었습니다.

바르게 계산한 값은 얼마입니까?

답 : _____

❹ 어떤 수에서 $2\frac{1}{6}$을 빼야 할 것을 잘못하여 더했더니 $5\frac{3}{5}$이 되었습니다.

바르게 계산한 값은 얼마입니까?

답 : _____

❺ $2\frac{23}{36}$에서 어떤 수를 빼야 할 것을 잘못하여 더했더니 $4\frac{5}{12}$가 되었습니다.

바르게 계산한 값은 얼마입니까?

답 : _____

○ 계산을 하여 기약분수로 나타내어 보시오.

1 $\dfrac{1}{3}+\dfrac{1}{6}=$

2 $\dfrac{1}{2}+\dfrac{3}{11}=$

3 $\dfrac{9}{10}+\dfrac{5}{6}=$

4 $\dfrac{2}{5}+\dfrac{5}{8}=$

5 $3\dfrac{1}{7}+2\dfrac{1}{4}=$

6 $2\dfrac{2}{3}+1\dfrac{4}{9}=$

7 $\dfrac{11}{15}-\dfrac{3}{5}=$

8 $\dfrac{7}{8}-\dfrac{1}{3}=$

9 $5\dfrac{9}{14}-2\dfrac{3}{7}=$

10 $3\dfrac{7}{8}-1\dfrac{1}{6}=$

11 $4\dfrac{1}{5}-1\dfrac{2}{3}=$

12 $6\dfrac{2}{9}-3\dfrac{5}{12}=$

13 $\dfrac{5}{6}+\dfrac{1}{3}-\dfrac{7}{10}=$

14 $1\dfrac{3}{4}-\dfrac{2}{5}+1\dfrac{5}{8}=$

15 해우는 과수원에서 귤을 $1\frac{1}{3}$ kg, 사과를 $1\frac{3}{4}$ kg 땄습니다. 해우가 딴 귤과 사과는 모두 몇 kg입니까?

식 _____

답 _____

16 우유가 $\frac{17}{20}$ L 있었습니다. 그중에서 $\frac{3}{5}$ L를 마셨다면 남은 우유는 몇 L입니까?

식 _____

답 _____

17 상자에 복숭아가 $3\frac{4}{7}$ kg 들어 있었습니다. 그 중에서 $1\frac{1}{2}$ kg을 먹고 $2\frac{3}{4}$ kg을 사서 다시 상자에 넣었습니다. 상자에 들어 있는 복숭아는 몇 kg입니까?

식 _____

답 _____

18 어떤 수에 $\frac{5}{6}$ 를 더해야 할 것을 잘못하여 뺐더니 $\frac{2}{9}$ 가 되었습니다. 바르게 계산한 값은 얼마입니까?

(   )

19 $2\frac{4}{15}$ 에서 어떤 수를 빼야 할 것을 잘못하여 더했더니 $3\frac{5}{6}$ 가 되었습니다. 바르게 계산한 값은 얼마입니까?

(   )

20 수 카드 3장을 한 번씩만 사용하여 가장 큰 대분수와 가장 작은 대분수를 만들었습니다. 만든 두 대분수의 합과 차를 구해 보시오.

| 1 | 2 | 5 |

합 (   )

차 (   )

다각형의 둘레와 넓이

학습 내용	일 차	맞힌 개수	걸린 시간
① 정다각형의 둘레	1일 차	/10개	/5분
② 직사각형의 둘레	2일 차	/10개	/5분
③ 평행사변형의 둘레	3일 차	/10개	/5분
④ 마름모의 둘레	4일 차	/10개	/5분
⑤ 넓이의 단위 1 cm², 1 m², 1 km²의 관계	5일 차	/24개	/6분
⑥ 직사각형의 넓이	6일 차	/10개	/5분
⑦ 정사각형의 넓이	7일 차	/10개	/5분
⑧ 평행사변형의 넓이	8일 차	/10개	/5분
⑨ 삼각형의 넓이	9일 차	/10개	/6분
⑩ 마름모의 넓이	10일 차	/10개	/6분
⑪ 사다리꼴의 넓이	11일 차	/10개	/6분

● 맞힌 개수와 걸린 시간을 작성해 보세요.

학습 내용	일 차	맞힌 개수	걸린 시간
⑫ 정다각형의 둘레를 알 때, 한 변의 길이 구하기	12일 차	/12개	/9분
⑬ 직사각형의 둘레를 알 때, 변의 길이 구하기			
⑭ 평행사변형의 둘레를 알 때, 한 변의 길이 구하기	13일 차	/12개	/9분
⑮ 마름모의 둘레를 알 때, 한 변의 길이 구하기			
⑯ 직사각형의 넓이를 알 때, 가로 또는 세로 구하기	14일 차	/12개	/9분
⑰ 정사각형의 넓이를 알 때, 한 변의 길이 구하기			
⑱ 평행사변형의 넓이를 알 때, 밑변의 길이 또는 높이 구하기	15일 차	/12개	/9분
⑲ 삼각형의 넓이를 알 때, 밑변의 길이 또는 높이 구하기			
⑳ 마름모의 넓이를 알 때, 한 대각선의 길이 구하기	16일 차	/12개	/9분
㉑ 사다리꼴의 넓이를 알 때, 높이 구하기			
평가 6. 다각형의 둘레와 넓이	17일 차	/17개	/17분

1 정다각형의 둘레

(정다각형의 둘레)
=(한 변의 길이)×(변의 수)

● 정오각형의 둘레 구하기

6 cm

정오각형은 변 5개의 길이가 모두 같습니다.
➡ (정오각형의 둘레)
  =(한 변의 길이)×(변의 수)
  =6×5=30(cm)

참고 정다각형은 각 변의 길이가 모두 같습니다.

○ 정다각형의 둘레는 몇 cm인지 구해 보시오.

1
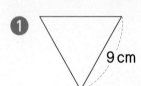
9 cm

식 : _____

답 : _____

3

6 cm

식 : _____

답 : _____

2
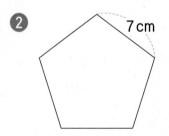
7 cm

식 : _____

답 : _____

4
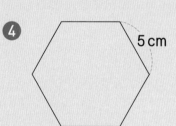
5 cm

식 : _____

답 : _____

5

8 cm

식 : _____

답 : _____

6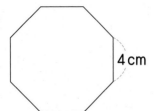

4 cm

식 : _____

답 : _____

7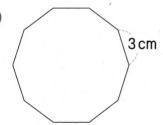

3 cm

식 : _____

답 : _____

8

5 cm

식 : _____

답 : _____

9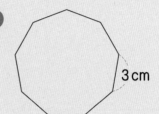

3 cm

식 : _____

답 : _____

10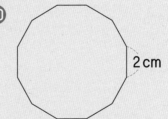

2 cm

식 : _____

답 : _____

(직사각형의 둘레)

=((가로)+(세로))×2

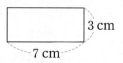

● 직사각형의 둘레 구하기

직사각형은 마주 보는 변의 길이가 같습니다.
⇨ (직사각형의 둘레)
　＝((가로)＋(세로))×2
　＝(7＋3)×2＝20(cm)

○ 직사각형의 둘레는 몇 cm인지 구해 보시오.

1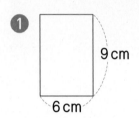

식 : _____

답 : _____

3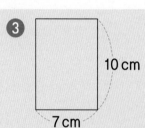

식 : _____

답 : _____

2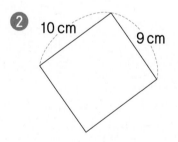

식 : _____

답 : _____

4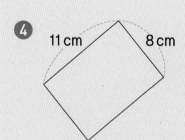

식 : _____

답 : _____

⑤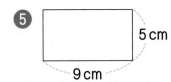

식 : _____

답 : _____

⑥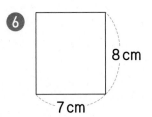

식 : _____

답 : _____

⑦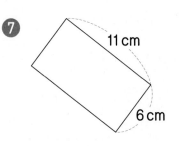

식 : _____

답 : _____

⑧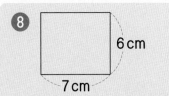

식 : _____

답 : _____

⑨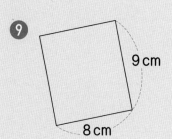

식 : _____

답 : _____

⑩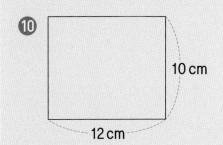

식 : _____

답 : _____

③ 평행사변형의 둘레

(평행사변형의 둘레)

$$= ((한 변의 길이)$$
$$+ (다른 한 변의 길이)) \times 2$$

● 평행사변형의 둘레 구하기

평행사변형은 마주 보는 변의 길이가 같습니다.

⇨ (평행사변형의 둘레)
　= ((한 변의 길이) + (다른 한 변의 길이)) × 2
　= (4＋5) × 2 ＝ 18(cm)

○ 평행사변형의 둘레는 몇 cm인지 구해 보시오.

①

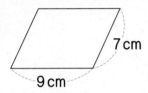

식 : _____

답 : _____

③

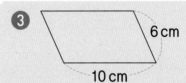

식 : _____

답 : _____

②

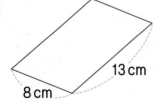

식 : _____

답 : _____

④

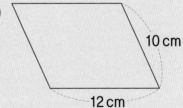

식 : _____

답 : _____

⑤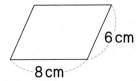

6 cm
8 cm

식 : _____

답 : _____

⑥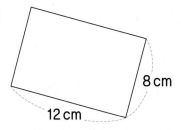

8 cm
12 cm

식 : _____

답 : _____

⑦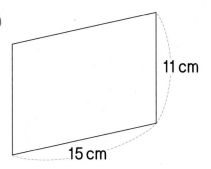

11 cm
15 cm

식 : _____

답 : _____

⑧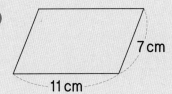

7 cm
11 cm

식 : _____

답 : _____

⑨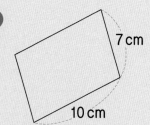

7 cm
10 cm

식 : _____

답 : _____

⑩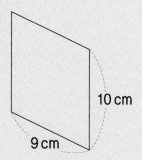

10 cm
9 cm

식 : _____

답 : _____

(마름모의 둘레)

=(한 변의 길이)×4

마름모는 네 변의 길이가 모두 같습니다.
⇨ (마름모의 둘레)
    =(한 변의 길이)×4
    =2×4=8(cm)

○ 마름모의 둘레는 몇 cm인지 구해 보시오.

 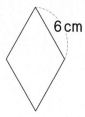

6 cm

식 : _____

답 : _____

 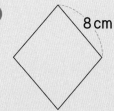

8 cm

식 : _____

답 : _____

 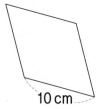

10 cm

식 : _____

답 : _____

 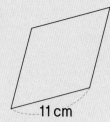

11 cm

식 : _____

답 : _____

⑤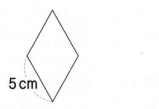

5 cm

식 : _____

답 : _____

⑥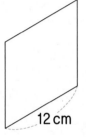

12 cm

식 : _____

답 : _____

⑦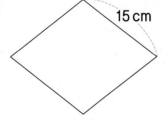

15 cm

식 : _____

답 : _____

⑧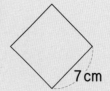

7 cm

식 : _____

답 : _____

⑨

9 cm

식 : _____

답 : _____

⑩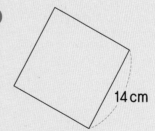

14 cm

식 : _____

답 : _____

넓이의 단위 1 cm², 1 m², 1 km²의 관계

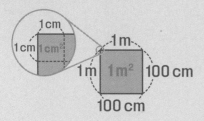 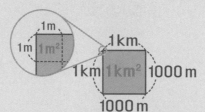

$$1 m^2 = 10000 cm^2$$
제곱미터   제곱센티미터

$$1 km^2 = 1000000 m^2$$
제곱킬로미터   제곱미터

- **1 cm², 1 m², 1 km²의 관계**
- 한 변의 길이가 1 cm인 정사각형의 넓이
  ⇨ 쓰기 **1 cm²**   읽기 **1 제곱센티미터**
- 한 변의 길이가 1 m인 정사각형의 넓이
  ⇨ 쓰기 **1 m²**   읽기 **1 제곱미터**
- 한 변의 길이가 1 km인 정사각형의 넓이
  ⇨ 쓰기 **1 km²**   읽기 **1 제곱킬로미터**

$$1 m^2 = 10000 cm^2$$
$$1 km^2 = 1000000 m^2$$

○ cm²와 m²의 관계를 알아보려고 합니다. ☐ 안에 알맞은 수를 써넣으시오.

① $2 m^2 = $ ☐ cm^2

② $11 m^2 = $ ☐ cm^2

③ $48 m^2 = $ ☐ cm^2

④ $80 m^2 = $ ☐ cm^2

⑤ $3.2 m^2 = $ ☐ cm^2

⑥ $70000 cm^2 = $ ☐ m^2

⑦ $400000 cm^2 = $ ☐ m^2

⑧ $610000 cm^2 = $ ☐ m^2

⑨ $950000 cm^2 = $ ☐ m^2

⑩ $5000 cm^2 = $ ☐ m^2

○ m²와 km²의 관계를 알아보려고 합니다. ☐ 안에 알맞은 수를 써넣으시오.

⑪ 3 km² = ☐ m²

⑱ 4000000 m² = ☐ km²

⑫ 5 km² = ☐ m²

⑲ 9000000 m² = ☐ km²

⑬ 12 km² = ☐ m²

⑳ 16000000 m² = ☐ km²

⑭ 35 km² = ☐ m²

㉑ 58000000 m² = ☐ km²

⑮ 80 km² = ☐ m²

㉒ 97000000 m² = ☐ km²

⑯ 0.6 km² = ☐ m²

㉓ 400000 m² = ☐ km²

⑰ 0.74 km² = ☐ m²

㉔ 2900000 m² = ☐ km²

(직사각형의 넓이)

=(가로)×(세로)

● 직사각형의 넓이 구하기

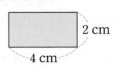

(직사각형의 넓이)=(가로)×(세로)
$$=4×2=8(cm^2)$$

○ 직사각형의 넓이를 구해 보시오.

 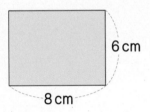

식 : _____

답 : _____

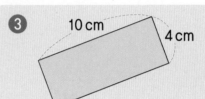

식 : _____

답 : _____

2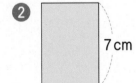

식 : _____

답 : _____

4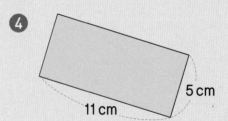

식 : _____

답 : _____

⑤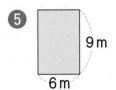
9 m
6 m

식 : _____

답 : _____

⑥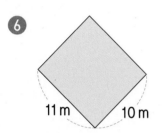
11 m   10 m

식 : _____

답 : _____

⑦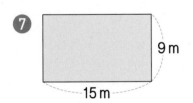
9 m
15 m

식 : _____

답 : _____

⑧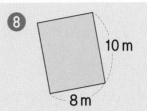
10 m
8 m

식 : _____

답 : _____

⑨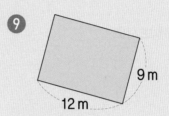
9 m
12 m

식 : _____

답 : _____

⑩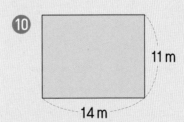
11 m
14 m

식 : _____

답 : _____

⑦ 정사각형의 넓이

(정사각형의 넓이)
=(한 변의 길이)
×(한 변의 길이)

● 정사각형의 넓이 구하기

(정사각형의 넓이)=(한 변의 길이)×(한 변의 길이)
=$3 \times 3 = 9(cm^2)$

참고 제곱수(같은 수를 두 번 곱한 수)를 외워 두면 정사각형의 넓이를 빠르게 구할 수 있습니다.

$10 \times 10 = 100$	$14 \times 14 = 196$	$18 \times 18 = 324$
$11 \times 11 = 121$	$15 \times 15 = 225$	$19 \times 19 = 361$
$12 \times 12 = 144$	$16 \times 16 = 256$	$20 \times 20 = 400$
$13 \times 13 = 169$	$17 \times 17 = 289$	$21 \times 21 = 441$

○ 정사각형의 넓이를 구해 보시오.

 ❶

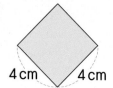

식 : _____

답 : _____

 ❸

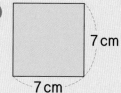

식 : _____

답 : _____

 ❷

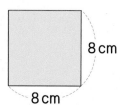

식 : _____

답 : _____

 ❹

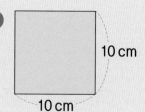

식 : _____

답 : _____

⑤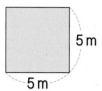

식 : _____

답 : _____

⑥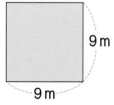

식 : _____

답 : _____

⑦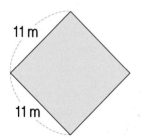

식 : _____

답 : _____

⑧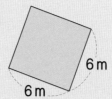

6. 다각형의 둘레와 넓이

식 : _____

답 : _____

⑨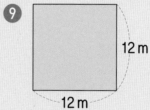

식 : _____

답 : _____

⑩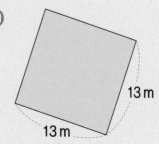

식 : _____

답 : _____

- **밑변**: 평행한 두 변 → 7 cm
- **높이**: 두 밑변 사이의 거리 → 4 cm

⇩

(평행사변형의 넓이)
$= ($밑변의 길이$) \times ($높이$)$
$= 7 \times 4 = 28 (cm^2)$

(평행사변형의 넓이)
$=($밑변의 길이$) \times ($높이$)$

○ 평행사변형의 넓이를 구해 보시오.

①

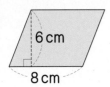

식 : _____

답 : _____

②

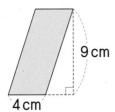

식 : _____

답 : _____

③

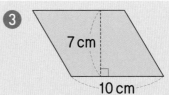

식 : _____

답 : _____

④

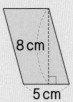

식 : _____

답 : _____

5

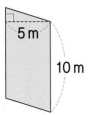

식 : _____

답 : _____

6

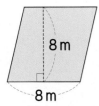

식 : _____

답 : _____

7

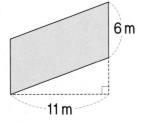

식 : _____

답 : _____

8

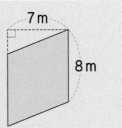

식 : _____

답 : _____

9

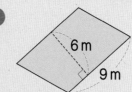

식 : _____

답 : _____

10

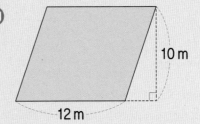

식 : _____

답 : _____

9 삼각형의 넓이

● 삼각형의 넓이 구하기

- **밑변**: 어느 한 변 → 4 cm
- **높이**: 밑변과 마주 보는 꼭짓점에서 밑변에 수직으로 그은 선분의 길이 → 3 cm

⇩

(삼각형의 넓이)
$= (밑변의 길이) \times (높이) \div 2$
$= 4 \times 3 \div 2 = 6(cm^2)$

(삼각형의 넓이)
$= (밑변의 길이) \times (높이) \div 2$

○ 삼각형의 넓이를 구해 보시오.

❶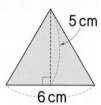
5 cm
6 cm

식 : _____

답 : _____

❷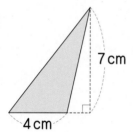
7 cm
4 cm

식 : _____

답 : _____

❸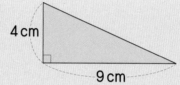
4 cm
9 cm

식 : _____

답 : _____

❹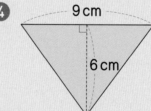
9 cm
6 cm

식 : _____

답 : _____

⑤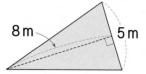

식 :

답 :

⑥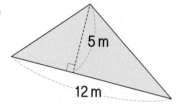

식 :

답 :

⑦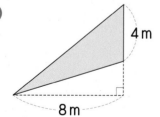

식 :

답 :

⑧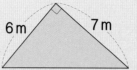

식 :

답 :

⑨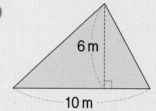

식 :

답 :

⑩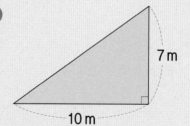

식 :

답 :

⑩ 마름모의 넓이

(마름모의 넓이)
=(한 대각선의 길이)
×(다른 대각선의 길이)÷2

● 마름모의 넓이 구하기

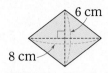

(마름모의 넓이)
=(한 대각선의 길이)
×(다른 대각선의 길이)÷2
=8×6÷2=24(cm²)

○ 마름모의 넓이를 구해 보시오.

①

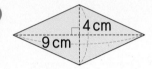

식 : _____

답 : _____

③

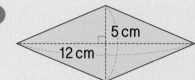

식 : _____

답 : _____

②

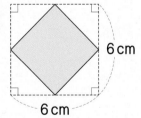

식 : _____

답 : _____

④

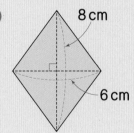

식 : _____

답 : _____

170 • 개념플러스연산 파워 5-1

⑤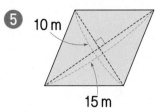

식 : _____

답 : _____

⑥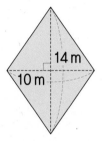

식 : _____

답 : _____

⑦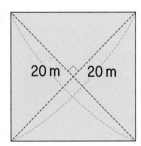

식 : _____

답 : _____

⑧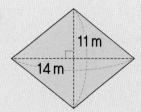

식 : _____

답 : _____

⑨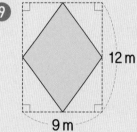

식 : _____

답 : _____

⑩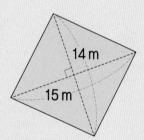

식 : _____

답 : _____

11

사다리꼴의 넓이

(사다리꼴의 넓이)
=((윗변의 길이)
+(아랫변의 길이))
×(높이)÷2

● 사다리꼴의 넓이 구하기

• **밑변**: 평행한 두 변 ┌ 윗변 → 5 cm
　　　　　　　　　　　└ 아랫변 → 7 cm
• **높이**: 두 밑변 사이의 거리 → 4 cm

⇩

(사다리꼴의 넓이)
 =((윗변의 길이)+(아랫변의 길이))×(높이)÷2
 =(5+7)×4÷2=24(cm²)

○ 사다리꼴의 넓이를 구해 보시오.

①

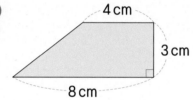

식 : _____

답 : _____

②

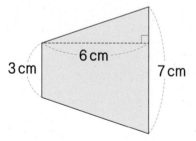

식 : _____

답 : _____

③

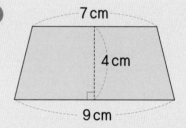

식 : _____

답 : _____

④

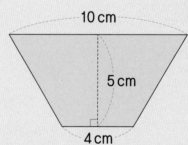

식 : _____

답 : _____

⑤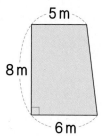

식 : _____

답 : _____

⑥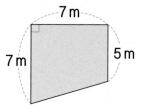

식 : _____

답 : _____

⑦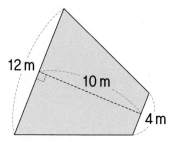

식 : _____

답 : _____

⑧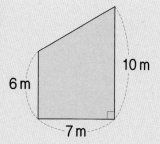

식 : _____

답 : _____

⑨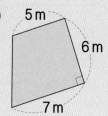

식 : _____

답 : _____

⑩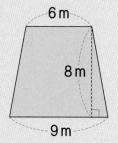

식 : _____

답 : _____

12 정다각형의 둘레를 알 때, 한 변의 길이 구하기

(한 변의 길이) × (변의 수) = (정다각형의 둘레)

(한 변의 길이)
= (정다각형의 둘레) ÷ (변의 수)

● 둘레가 **36 cm**인 정삼각형의 한 변의 길이 구하기

☐ × 3 = 36 → ☐ = 36 ÷ 3 = 12

▷ 정삼각형의 한 변의 길이는 12 cm입니다.

○ 정다각형의 둘레가 다음과 같을 때, 한 변의 길이를 구하려고 합니다.
☐ 안에 알맞은 수를 써넣으시오.

❶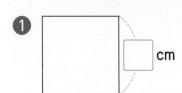
둘레: 36 cm

❹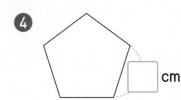
둘레: 35 cm

❷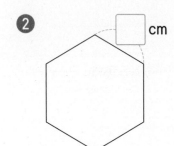
둘레: 48 cm

❺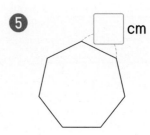
둘레: 28 cm

❸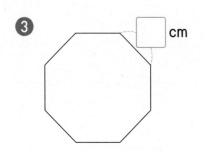
둘레: 48 cm

❻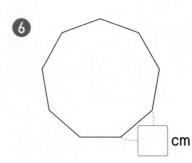
둘레: 45 cm

13 **직사각형의 둘레를 알 때, 변의 길이 구하기**

• 둘레가 22 cm인 직사각형의 가로 구하기

((가로)+(세로))×2=(직사각형의 둘레)

(세로)=(직사각형의 둘레)÷2-(가로)

(가로)=(직사각형의 둘레)÷2-(세로)

(□+4)×2=22 → □=22÷2-4=7

⇨ 직사각형의 가로는 7 cm입니다.

○ 직사각형의 둘레가 다음과 같을 때, 변의 길이를 구하려고 합니다.
　□ 안에 알맞은 수를 써넣으시오.

7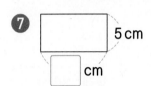

둘레: 28 cm

10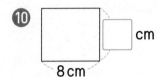

둘레: 30 cm

8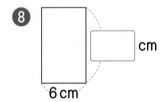

둘레: 32 cm

11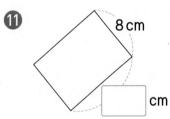

둘레: 38 cm

9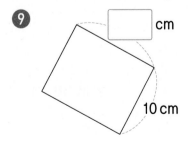

둘레: 44 cm

12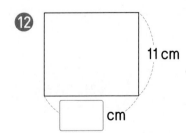

둘레: 48 cm

평행사변형의 둘레를 알 때, 한 변의 길이 구하기

((한 변의 길이)+(다른 한 변의 길이))×2
=(평행사변형의 둘레)

(한 변의 길이)
=(평행사변형의 둘레)÷2−(다른 한 변의 길이)

- 둘레가 **18 cm**인 평행사변형의 한 변의 길이 구하기

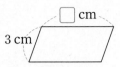

$(\square+3)\times2=18$
→ $\square=18\div2-3=6$

⇨ 평행사변형의 한 변의 길이는 6 cm입니다.

○ 평행사변형의 둘레가 다음과 같을 때, 한 변의 길이를 구하려고 합니다.
  ☐ 안에 알맞은 수를 써넣으시오.

1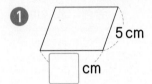

둘레: 24 cm

4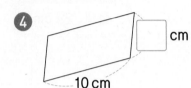

둘레: 30 cm

2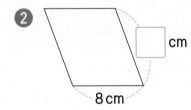

둘레: 34 cm

5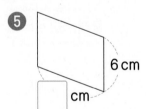

둘레: 28 cm

3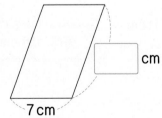

둘레: 36 cm

6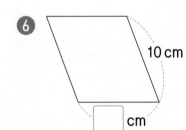

둘레: 38 cm

15 마름모의 둘레를 알 때, 한 변의 길이 구하기

(한 변의 길이)×4=(마름모의 둘레)

↓

(한 변의 길이)=(마름모의 둘레)÷4

● 둘레가 36 cm인 마름모의 한 변의 길이 구하기

☐ cm

☐×4=36 → ☐=36÷4=9

⇨ 마름모의 한 변의 길이는 9 cm입니다.

○ 마름모의 둘레가 다음과 같을 때, 한 변의 길이를 구하려고 합니다.
☐ 안에 알맞은 수를 써넣으시오.

❼  cm
둘레: 16 cm

❿ 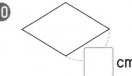 cm
둘레: 28 cm

❽ 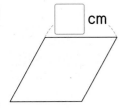 cm
둘레: 32 cm

⓫ 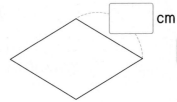 cm
둘레: 40 cm

❾ 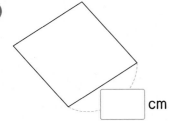 cm
둘레: 60 cm

⓬ 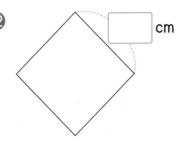 cm
둘레: 64 cm

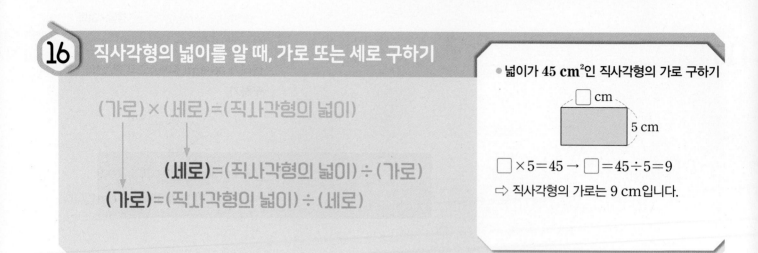

16 직사각형의 넓이를 알 때, 가로 또는 세로 구하기

(가로)×(세로)=(직사각형의 넓이)

(세로)=(직사각형의 넓이)÷(가로)

(가로)=(직사각형의 넓이)÷(세로)

● 넓이가 **45 cm²**인 직사각형의 가로 구하기

☐ ×5=45 → ☐ =45÷5=9

➡ 직사각형의 가로는 9 cm입니다.

○ 직사각형의 넓이가 다음과 같을 때, 직사각형의 가로 또는 세로를 구하려고 합니다.
☐ 안에 알맞은 수를 써넣으시오.

❶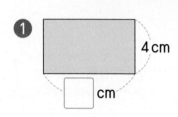
넓이: 28 cm²

❹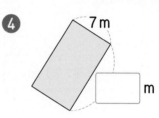
넓이: 84 m²

❷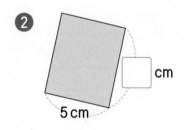
넓이: 30 cm²

❺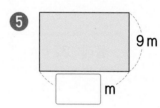
넓이: 126 m²

❸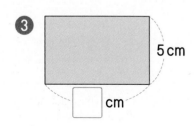
넓이: 40 cm²

❻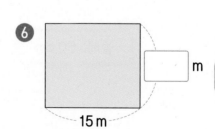
넓이: 195 m²

17 **정사각형의 넓이를 알 때, 한 변의 길이 구하기**

(한 변의 길이)×(한 변의 길이)=(정사각형의 넓이)

↓

한 변의 길이

: 같은 수를 두 번 곱해 정사각형의 넓이가 되는 수

• 넓이가 **49 cm²**인 정사각형의 한 변의 길이 구하기

 □ cm

□×□=49 → □=7 ─• 7×7=49

⇨ 정사각형의 한 변의 길이는 7 cm입니다.

○ 정사각형의 넓이가 다음과 같을 때, 한 변의 길이를 구하려고 합니다.
　□ 안에 알맞은 수를 써넣으시오.

❼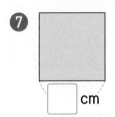
□ cm
넓이: 25 cm²

❿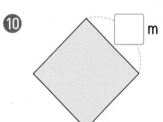
□ m
넓이: 81 m²

❽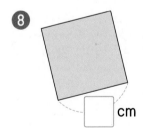
□ cm
넓이: 36 cm²

⓫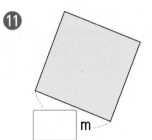
□ m
넓이: 100 m²

❾
□ cm
넓이: 64 cm²

⓬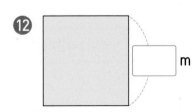
□ m
넓이: 144 m²

평행사변형의 넓이를 알 때, 밑변의 길이 또는 높이 구하기

(밑변의 길이) × (높이) = (평행사변형의 넓이)

(높이) = (평행사변형의 넓이) ÷ (밑변의 길이)

(밑변의 길이) = (평행사변형의 넓이) ÷ (높이)

● 넓이가 54 cm²인 평행사변형의 밑변의 길이 구하기

□ × 6 = 54 → □ = 54 ÷ 6 = 9

⇨ 평행사변형의 밑변의 길이는 9 cm입니다.

○ 평행사변형의 넓이가 다음과 같을 때, 밑변의 길이 또는 높이를 구하려고 합니다.
　　□ 안에 알맞은 수를 써넣으시오.

1
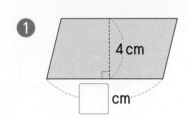
4 cm
□ cm

넓이: 32 cm²

4
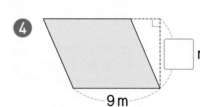
□ m
9 m

넓이: 63 m²

2
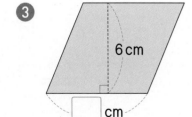
□ cm
4 cm

넓이: 20 cm²

5
8 m
□ m

넓이: 96 m²

3
6 cm
□ cm

넓이: 42 cm²

6
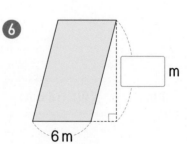
□ m
6 m

넓이: 60 m²

19 삼각형의 넓이를 알 때, 밑변의 길이 또는 높이 구하기

• 넓이가 **20 cm²**인 삼각형의 밑변의 길이 구하기

(밑변의 길이)×(높이)÷2=(삼각형의 넓이)

(**높이**)=(삼각형의 넓이)×2÷(밑변의 길이)
(**밑변의 길이**)=(삼각형의 넓이)×2÷(높이)

$\square \times 5 \div 2 = 20 \rightarrow \square = 20 \times 2 \div 5 = 8$

⇨ 삼각형의 밑변의 길이는 8 cm입니다.

○ 삼각형의 넓이가 다음과 같을 때, 밑변의 길이 또는 높이를 구하려고 합니다.
  ☐ 안에 알맞은 수를 써넣으시오.

7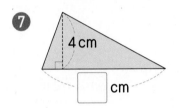
넓이: 18 cm²

10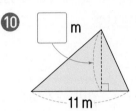
넓이: 33 m²

8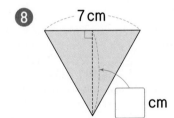
넓이: 21 cm²

11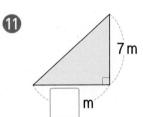
넓이: 28 m²

9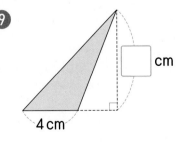
넓이: 14 cm²

12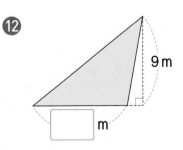
넓이: 45 m²

(한 대각선의 길이) × (다른 대각선의 길이) ÷ 2
= (마름모의 넓이)

(한 대각선의 길이)
= (마름모의 넓이) × 2 ÷ (다른 대각선의 길이)

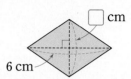

● 넓이가 12 cm²인 마름모의 한 대각선의 길이
  구하기

□ cm

6 cm

6 × □ ÷ 2 = 12 → □ = 12 × 2 ÷ 6 = 4
⇨ 마름모의 한 대각선의 길이는 4 cm입니다.

○ 마름모의 넓이가 다음과 같을 때, 한 대각선의 길이를 구하려고 합니다.
  □ 안에 알맞은 수를 써넣으시오.

①
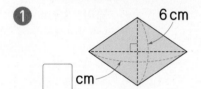
6 cm
□ cm
넓이: 27 cm²

④
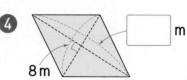
□ m
8 m
넓이: 52 m²

②
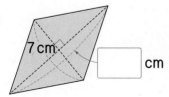
□ cm
5 cm
넓이: 20 cm²

⑤
□ m
10 m
넓이: 50 m²

③
7 cm
□ cm
넓이: 42 cm²

⑥
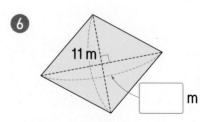
11 m
□ m
넓이: 77 m²

21 사다리꼴의 넓이를 알 때, 높이 구하기

● 넓이가 36 cm²인 사다리꼴의 높이 구하기

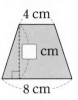

$(4+8) \times \square \div 2 = 36$

$\rightarrow \square = 36 \times 2 \div (4+8) = 6$

⇨ 사다리꼴의 높이는 6 cm입니다.

((윗변의 길이)+(아랫변의 길이))×(높이)÷2
=(사다리꼴의 넓이)

(높이)

=(사다리꼴의 넓이)×2

÷((윗변의 길이)+(아랫변의 길이))

○ 사다리꼴의 넓이가 다음과 같을 때, 높이를 구하려고 합니다.

☐ 안에 알맞은 수를 써넣으시오.

❼
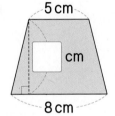

넓이: 39 cm²

❿
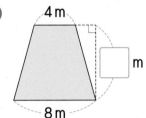

넓이: 42 m²

❽
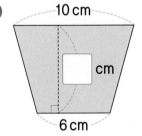

넓이: 56 cm²

⓫
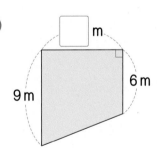

넓이: 60 m²

❾
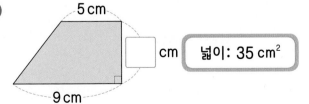

넓이: 35 cm²

⓬
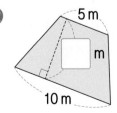

넓이: 45 m²

○ 도형의 둘레는 몇 cm인지 구해 보시오.

1

7 cm

정사각형의 둘레 ( )

2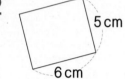

5 cm
6 cm

직사각형의 둘레 ( )

3

6 cm

마름모의 둘레 ( )

○ ☐ 안에 알맞은 수를 써넣으시오.

4 5 m² = ☐ cm²

5 27000000 m² = ☐ km²

○ 도형의 넓이를 구해 보시오.

6

6 cm

정사각형의 넓이 ( )

7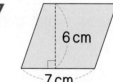

6 cm
7 cm

평행사변형의 넓이 ( )

8

10 m
9 m

삼각형의 넓이 ( )

9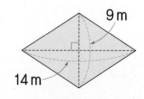

9 m
14 m

마름모의 넓이 ( )

○ 도형의 둘레가 다음과 같을 때, 변의 길이를 구하려고 합니다. ☐ 안에 알맞은 수를 써넣으시오.

○ 도형의 넓이가 다음과 같을 때, ☐ 안에 알맞은 수를 써넣으시오.

10 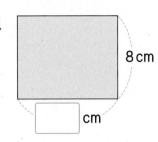 ☐ cm

> 정오각형의
> 둘레: 25 cm

11 6 cm

☐ cm

> 직사각형의
> 둘레: 30 cm

12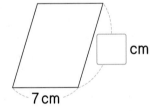

7 cm

☐ cm

> 평행사변형의
> 둘레: 32 cm

13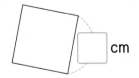

☐ cm

> 마름모의
> 둘레: 24 cm

14 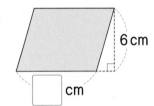 8 cm

☐ cm

> 직사각형의
> 넓이: 80 cm²

15 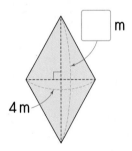 6 cm

☐ cm

> 평행사변형의
> 넓이: 48 cm²

16 ☐ m

4 m

> 마름모의
> 넓이: 14 m²

17 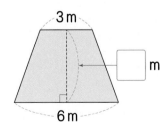 3 m

☐ m

6 m

> 사다리꼴의
> 넓이: 18 m²

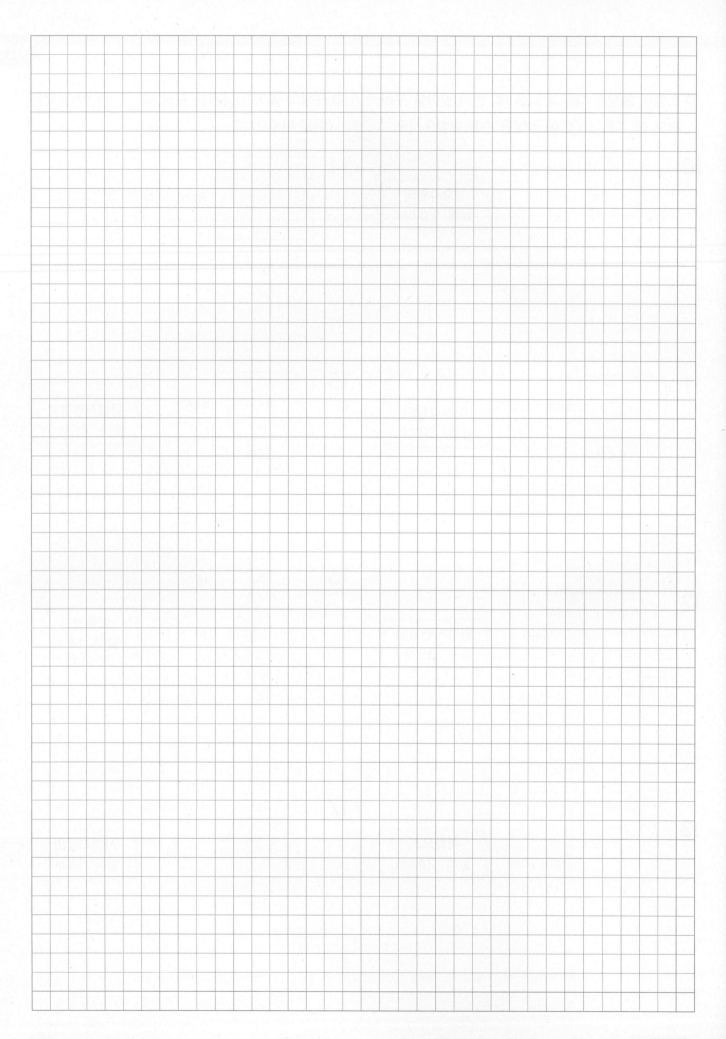

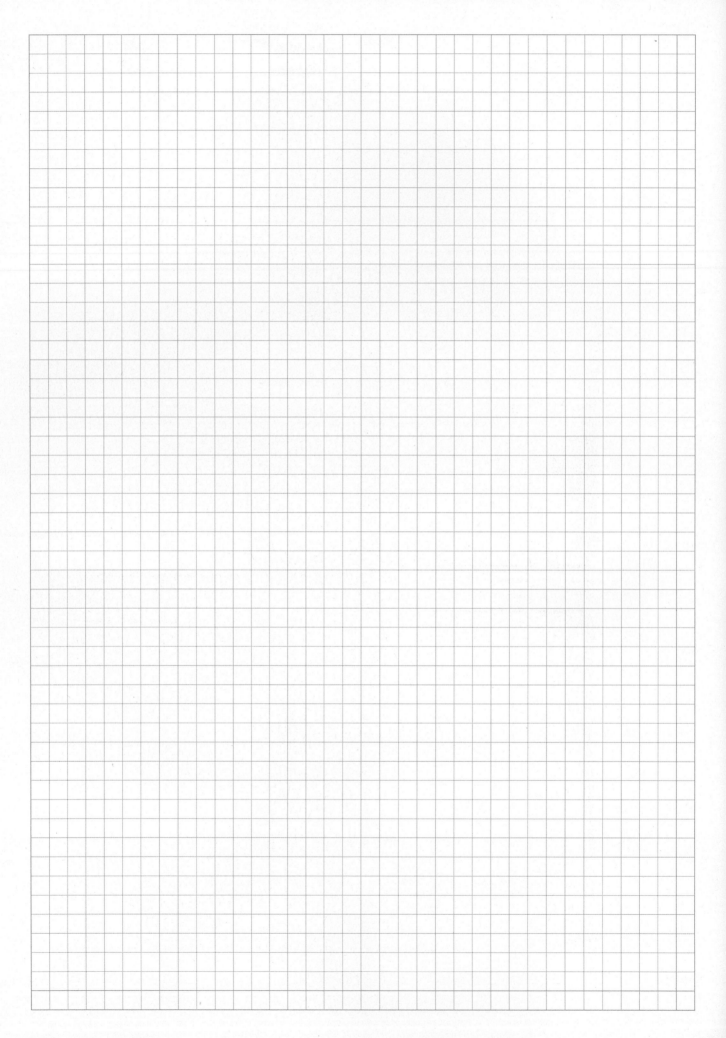

초등수학

5·1

개념 +PLUS 연산 파워

정답과 풀이

정답과 풀이 QR코드

책 속의 가접 별책 (특허 제 0557442호)
'정답과 풀이'는 본책에서 쉽게 분리할 수 있도록 제작되었으므로
유통 과정에서 분리될 수 있으나 파본이 아닌 정상제품입니다.

ABOVE IMAGINATION

우리는 남다른 상상과 혁신으로
교육 문화의 새로운 전형을 만들어
모든 이의 행복한 경험과 성장에 기여한다

개념＋연산 **파워**

정답과 풀이

초등수학

5·1

1. 자연수의 혼합 계산

① 덧셈과 뺄셈이 섞여 있는 식의 계산

8쪽

❶ 21
❷ 64
❸ 76
❹ 78
❺ 72

❻ 19
❼ 14
❽ 61
❾ 66
❿ 123

9쪽

⑪ 4
⑫ 3
⑬ 1
⑭ 13
⑮ 25
⑯ 61
⑰ 86

⑱ 32
⑲ 29
⑳ 51
㉑ 10
㉒ 91
㉓ 22
㉔ 141

② 곱셈과 나눗셈이 섞여 있는 식의 계산

10쪽

❶ 12
❷ 28
❸ 14
❹ 85
❺ 21

❻ 9
❼ 4
❽ 64
❾ 72
❿ 68

11쪽

⑪ 2
⑫ 3
⑬ 9
⑭ 8
⑮ 2
⑯ 5
⑰ 7

⑱ 4
⑲ 16
⑳ 78
㉑ 34
㉒ 56
㉓ 2
㉔ 2

③ 덧셈, 뺄셈, 곱셈이 섞여 있는 식의 계산

12쪽

❶ 30
❷ 82
❸ 153
❹ 80
❺ 63

❻ 13
❼ 14
❽ 114
❾ 65
❿ 110

13쪽

⑪ 32
⑫ 21
⑬ 192
⑭ 165
⑮ 192
⑯ 96
⑰ 330

⑱ 62
⑲ 69
⑳ 7
㉑ 75
㉒ 72
㉓ 114
㉔ 37

④ 덧셈, 뺄셈, 나눗셈이 섞여 있는 식의 계산

14쪽

❶ 13
❷ 17
❸ 43
❹ 1
❺ 126

❻ 34
❼ 69
❽ 57
❾ 35
❿ 129

15쪽

⓫ 3
⓬ 3
⓭ 11
⓮ 23
⓯ 9
⓰ 28
⓱ 7

⓲ 4
⓳ 24
⓴ 47
㉑ 63
㉒ 6
㉓ 18
㉔ 20

⑤ 덧셈, 뺄셈, 곱셈, 나눗셈이 섞여 있는 식의 계산

16쪽

❶ 13
❷ 10
❸ 6
❹ 37
❺ 7

❻ 79
❼ 39
❽ 74
❾ 33
❿ 51

17쪽

⓫ 14
⓬ 22
⓭ 39
⓮ 21
⓯ 61
⓰ 33
⓱ 45

⓲ 148
⓳ 13
⓴ 35
㉑ 136
㉒ 88
㉓ 75
㉔ 87

⑥ ( )가 없는 식과 ( )가 있는 식의 계산 결과 비교

18쪽

❶ 18 / 6
❷ 8 / 2
❸ 31 / 55
❹ 19 / 47

❺ 16 / 6
❻ 69 / 59
❼ 66 / 28
❽ 59 / 4

19쪽

❾ 79 / 56
❿ 19 / 7
⓫ 165 / 151
⓬ 21 / 31
⓭ 77 / 97

⓮ 26 / 19
⓯ 12 / 5
⓰ 90 / 58
⓱ 97 / 87
⓲ 92 / 80

20쪽

❶ 44
❷ 12
❸ 5
❹ 63
❺ 30
❻ 36
❼ 24
❽ 9
❾ 160
❿ 8

21쪽

⓫ 5
⓬ 12
⓭ 18
⓮ 6
⓯ 18
⓰ 64
⓱ 16
⓲ 2
⓳ 30
⓴ 64
㉑ 27
㉒ 142
㉓ 9
㉔ 82

22쪽

❶ 4
❷ 5
❸ 2
❹ 3
❺ 84
❻ 15
❼ 8
❽ 2
❾ 60
❿ 5

❶ $13+5-\boxed{}=14$, $18-\boxed{}=14$, $\boxed{}=4$
❷ $8-(2+\boxed{})=1$, $2+\boxed{}=7$, $\boxed{}=5$
❸ $9\times4\div\boxed{}=18$, $36\div\boxed{}=18$, $\boxed{}=2$
❹ $25\div5\times\boxed{}=15$, $5\times\boxed{}=15$, $\boxed{}=3$
❺ $\boxed{}\div(4\times7)=3$, $\boxed{}\div28=3$, $\boxed{}=84$

23쪽

⓫ $12\times6\div(3+6)=8$
⓬ $15+21\div(3+4)=18$
⓭ $9\div3\times(8-4)=12$
⓮ $(15+3)\div3\times5=30$
⓯ $30-24\div(2+2)=24$
⓰ $9+(3+3)\times2-1=20$
⓱ $4+(36-24)\div4\times2=10$
⓲ $6\times10-(8-2)\div2=57$
⓳ $45\div5+4\times(6+3)=45$
⓴ $18-12\div(2+4)\times5=8$

❻ $9+7\times2-\boxed{}=8$, $9+14-\boxed{}=8$, $23-\boxed{}=8$, $\boxed{}=15$
❼ $21+16\div\boxed{}-5=18$, $21+16\div\boxed{}=23$, $16\div\boxed{}=2$, $\boxed{}=8$
❽ $24\div8\times\boxed{}+1=7$, $3\times\boxed{}+1=7$, $3\times\boxed{}=6$, $\boxed{}=2$
❾ $\boxed{}+(44-8)\div12=63$, $\boxed{}+36\div12=63$,
$\boxed{}+3=63$, $\boxed{}=60$
❿ $20\times3\div(10+\boxed{})=4$, $60\div(10+\boxed{})=4$, $10+\boxed{}=15$, $\boxed{}=5$

24쪽

❶ 15, 15, 24 / 11개
❷ 8, 23, 8 / 9명

25쪽

❸ $12-4+29=37$ / 37살
❹ $48+26-35=39$ / 39권
❺ $5000-(1700+2500)=800$ / 800원

❸ (어머니의 나이)=(준수의 나이)$-4+29$
$=12-4+29=37$(살)
❹ (남은 책 수)=(위인전 수)+(동화책 수)$-$(빌려 간 책 수)
$=48+26-35=39$(권)

❺ (거스름돈)
$=$(낸 돈)$-$(수첩과 필통의 값의 합)
$=5000-(1700+2500)=800$(원)

⑪ 곱셈과 나눗셈이 섞여 있는 문장제

26쪽

❶ 6, 6, 12 / 48개

❷ 8, 160, 8 / 4시간

❸ (한 상자에 들어 있는 초콜릿 수)
= (한 판에 만든 초콜릿 수)×(만든 판 수)÷(상자 수)
= $32 \times 3 \div 4 = 24$(개)

❹ (하루에 먹어야 하는 귤의 수)
= (한 상자에 들어 있는 귤의 수)×(상자 수)÷(먹는 날수)
= $60 \times 3 \div 5 = 36$(개)

27쪽

❸ $32 \times 3 \div 4 = 24$ / 24개

❹ $60 \times 3 \div 5 = 36$ / 36개

❺ $104 \div (13 \times 4) = 2$ / 2일

❺ (걸리는 날수)
= (만들어야 할 자전거 수)
÷(기계 4대가 하루에 만들 수 있는 자전거 수)
= $104 \div (13 \times 4) = 2$(일)

⑫ 덧셈, 뺄셈, 곱셈이 섞여 있는 문장제

28쪽

❶ 10, 7, 10, 7 / 4개

❷ (응원한 학생 수)
= (전체 학생 수)−(배구를 한 한 모둠의 학생 수)
×(배구를 한 모둠 수)+4
= $21 - 6 \times 3 + 4 = 7$(명)

❸ (남은 감자 수)
= (처음에 있던 감자 수)+(한 봉지에 들어 있는 감자 수)
×(봉지 수)−(먹은 감자 수)
= $30 + 7 \times 2 - 28 = 16$(개)

29쪽

❷ $21 - 6 \times 3 + 4 = 7$ / 7명

❸ $30 + 7 \times 2 - 28 = 16$ / 16개

❹ $36 - (8 + 6) \times 2 = 8$ / 8장

❹ (남은 도화지 수)
= (전체 도화지 수)−(학생 수)×(한 명이 가진 도화지 수)
= $36 - (8 + 6) \times 2 = 8$(장)

⑬ 덧셈, 뺄셈, 나눗셈이 섞여 있는 문장제

30쪽

❶ 4, 4, 4, 5 / 10개

❷ (지아가 1시간 동안 간 거리)+(건우가 2시간 동안 간 거리)÷2
−(시호가 1시간 동안 간 거리)
= $5 + 4 \div 2 - 3 = 4$(km)

❸ (가지고 있는 색종이 수)
= (가지고 있던 색종이 수)−(사용한 색종이 수)+42÷(묶음 수)
= $51 - 24 + 42 \div 7 = 33$(장)

31쪽

❷ $5 + 4 \div 2 - 3 = 4$ / 4 km

❸ $51 - 24 + 42 \div 7 = 33$ / 33장

❹ $2000 - (600 + 2700 \div 3) = 500$ / 500원

❹ (무 1개의 값)−(당근 1개와 부추 1단의 값의 합)
= $2000 - (600 + 2700 \div 3) = 500$(원)

13일차

32쪽

❶ 5, 5, 5, 3, 5, 3 / 9개

33쪽

❷ $9 \times 4 + 56 \div 8 - 20 = 23$ / 23개

❸ $10000 - (8000 \div 2 + 1100 \times 2) = 3800$ / 3800원

❷ (남은 사탕 수)
  =(사과 맛 사탕 수)+(포도 맛 사탕 수)-(먹은 사탕 수)
  =$9 \times 4 + 56 \div 8 - 20 = 23$(개)

❸ (남은 돈)
  =10000-((버섯 8인분 가격)÷2+(파프리카 2인분 가격)×2)
  =$10000 - (8000 \div 2 + 1100 \times 2) = 3800$(원)

(평가) **1. 자연수의 혼합 계산**

14일차

34쪽

1 1	8 44
2 3	9 40
3 12	10 29
4 80	11 30
5 4	12 12
6 13	13 25
7 53	14 37

35쪽

15 17	18 $40 - (3+3) \times 6 = 4$ / 4개
16 $5000 - (2000 + 1500)$	19 $1300 + 4000 \div 5 - 1800$
$= 1500$ / 1500원	$= 300$ / 300원
17 $140 \div (7 \times 4) = 5$ / 5시간	20 $6 \times 3 \div 2 - 4 + 1 = 6$ / 6개

15 $55 - (\square + 32) = 6$, $\square + 32 = 49$, $\square = 17$
16 (거스름돈)
   =(낸 돈)-(김밥과 음료수 값의 합)
   =$5000 - (2000 + 1500) = 1500$(원)
17 (걸리는 시간)
   =(만들려는 종이꽃 수)
    ÷(4명이 한 시간에 만들 수 있는 종이꽃 수)
   =$140 \div (7 \times 4) = 5$(시간)

18 (남은 초콜릿 수)=(전체 초콜릿 수)-(학생 수)×(한 명이 먹은 초콜릿 수)
                 =$40 - (3+3) \times 6 = 4$(개)
19 (사과 1개의 값)+(귤 5개의 값)÷(귤의 수)-(배 1개의 값)
   =$1300 + 4000 \div 5 - 1800 = 300$(원)
20 (가지고 있는 빵의 수)
   =(한 상자에 들어 있는 빵의 수)×(상자 수)
    ÷(묶음 수)-(먹은 빵의 수)+(받은 빵의 수)
   =$6 \times 3 \div 2 - 4 + 1 = 6$(개)

2. 약수와 배수

① 약수

1일차

38쪽

❶ 1, 2, 3, 6	❺ 1, 2, 7, 14
❷ 1, 7	❻ 1, 3, 5, 15
❸ 1, 2, 4, 8	❼ 1, 19
❹ 1, 2, 5, 10	❽ 1, 3, 7, 21

39쪽

❾ 1, 2, 3, 4, 6, 8, 12, 24	⑮ 1, 3, 5, 9, 15, 45
❿ 1, 3, 9, 27	⑯ 1, 7, 49
⑪ 1, 2, 3, 5, 6, 10, 15, 30	⑰ 1, 3, 17, 51
⑫ 1, 2, 4, 8, 16, 32	⑱ 1, 2, 4, 7, 8, 14, 28, 56
⑬ 1, 2, 3, 4, 6, 9, 12, 18, 36	⑲ 1, 3, 7, 9, 21, 63
⑭ 1, 2, 19, 38	⑳ 1, 2, 3, 4, 6, 8, 9, 12, 18, 24, 36, 72

② 배수

2일차

40쪽

❶ 5, 10, 15, 20

❷ 6, 12, 18, 24

❸ 7, 14, 21, 28

❹ 9, 18, 27, 36

❺ 11, 22, 33, 44

❻ 13, 26, 39, 52

❼ 17, 34, 51, 68

❽ 20, 40, 60, 80

41쪽

❾ 22, 44, 66, 88

❿ 28, 56, 84, 112

⓫ 31, 62, 93, 124

⓬ 34, 68, 102, 136

⓭ 39, 78, 117, 156

⓮ 45, 90, 135, 180

⓯ 46, 92, 138, 184

⓰ 50, 100, 150, 200

⓱ 53, 106, 159, 212

⓲ 57, 114, 171, 228

⓳ 62, 124, 186, 248

⓴ 71, 142, 213, 284

③ 약수와 배수의 관계

3일차

42쪽

❶ ○

❷ ×

❸ ○

❹ ×

❺ ×

❻ ○

❼ ×

❽ ×

43쪽

❾ ○

❿ ○

⓫ ×

⓬ ○

⓭ ○

⓮ ×

⓯ ○

⓰ ×

⓱ ×

⓲ ○

⓳ ×

⓴ ○

④ 공약수, 최대공약수

4일차

44쪽

❶ 1, 2, 3, 6 / 1, 2, 3, 6, 9, 18 / 1, 2, 3, 6 / 6

❷ 1, 3, 9 / 1, 3, 7, 21 / 1, 3 / 3

❸ 1, 3, 5, 15 / 1, 3, 9, 27 / 1, 3 / 3

❹ 1, 2, 4, 5, 10, 20 / 1, 5, 25 / 1, 5 / 5

45쪽

❺ 1, 2, 3, 4, 6, 8, 12, 24 / 1, 2, 3, 5, 6, 10, 15, 30 / 1, 2, 3, 6 / 6

❻ 1, 2, 4, 7, 14, 28 / 1, 2, 3, 4, 6, 9, 12, 18, 36 / 1, 2, 4 / 4

❼ 1, 5, 7, 35 / 1, 2, 7, 14 / 1, 7 / 7

❽ 1, 2, 4, 11, 22, 44 / 1, 2, 13, 26 / 1, 2 / 2

❾ 1, 2, 3, 4, 6, 8, 12, 16, 24, 48 / 1, 2, 4, 8, 16, 32 / 1, 2, 4, 8, 16 / 16

❿ 1, 2, 4, 7, 8, 14, 28, 56 / 1, 2, 3, 6, 7, 14, 21, 42 / 1, 2, 7, 14 / 14

⑤ 곱셈식을 이용하여 최대공약수 구하기

46쪽

❶ 예 3×3, 2×2×3 / 3
❷ 예 2×5, 2×2×2×2 / 2
❸ 예 2×7, 3×7 / 7
❹ 예 2×3×3, 2×2×2×3 / 6
❺ 예 2×11, 3×11 / 11
❻ 예 5×5, 2×2×2×5 / 5

47쪽

❼ 예 2×13, 3×13 / 13
❽ 예 3×3×3, 2×2×3×3 / 9
❾ 예 2×17, 3×17 / 17
❿ 예 2×3×7, 3×3×7 / 21
⓫ 예 2×2×2×2×3, 2×2×2×7 / 8
⓬ 예 2×3×3×3, 2×3×3 / 18
⓭ 예 2×2×3×5, 2×2×2×3×3 / 12
⓮ 예 3×3×3×3, 3×3×5 / 9

⑥ 공약수를 이용하여 최대공약수 구하기

48쪽

❶ 3) 6 9 / 3
　　 2　3

❷ 2) 8 14 / 2
　　 4　7

❸ 5) 15 20 / 5
　　 3　4

❹ 7) 21 35 / 7
　　 3　5

❺ 예 3) 27 18 / 9
　　 3) 9　6
　　　 3　2

❻ 예 2) 32 36 / 4
　　 2) 16　18
　　　 8　9

49쪽

❼ 예 2) 40 32 / 8
　　 2) 20　16
　　 2) 10　8
　　　 5　4

❽ 예 3) 45 63 / 9
　　 3) 15　21
　　　 5　7

❾ 예 2) 52 44 / 4
　　 2) 26　22
　　　 13　11

❿ 예 2) 64 48 / 16
　　 2) 32　24
　　 2) 16　12
　　 2) 8　6
　　　 4　3

⓫ 예 2) 72 54 / 18
　　 3) 36　27
　　 3) 12　9
　　　 4　3

⓬ 예 2) 84 60 / 12
　　 2) 42　30
　　 3) 21　15
　　　 7　5

⓭ 예 2) 90 70 / 10
　　 5) 45　35
　　　 9　7

⓮ 예 2) 96 72 / 24
　　 2) 48　36
　　 2) 24　18
　　 3) 12　9
　　　 4　3

⑦ 공배수, 최소공배수

50쪽

❶ 3, 6, 9, 12, 15
/ 5, 10, 15, 20, 25
/ 15, 30 / 15

❷ 4, 8, 12, 16, 20
/ 10, 20, 30, 40, 50
/ 20, 40 / 20

❸ 6, 12, 18, 24, 30
/ 15, 30, 45, 60, 75
/ 30, 60 / 30

❹ 7, 14, 21, 28, 35
/ 14, 28, 42, 56, 70
/ 14, 28 / 14

51쪽

❺ 8, 16, 24, 32, 40
/ 12, 24, 36, 48, 60
/ 24, 48 / 24

❻ 9, 18, 27, 36, 45
/ 21, 42, 63, 84, 105
/ 63, 126 / 63

❼ 11, 22, 33, 44, 55
/ 22, 44, 66, 88, 110
/ 22, 44 / 22

❽ 16, 32, 48, 64, 80
/ 24, 48, 72, 96, 120
/ 48, 96 / 48

❾ 20, 40, 60, 80, 100
/ 15, 30, 45, 60, 75
/ 60, 120 / 60

❿ 27, 54, 81, 108, 135
/ 18, 36, 54, 72, 90
/ 54, 108 / 54

⑧ 곱셈식을 이용하여 최소공배수 구하기

52쪽

❶ 예 $2 \times 2 \times 2, 2 \times 2 \times 5$
/ 40

❷ 예 $2 \times 2 \times 3, 2 \times 3 \times 3$
/ 36

❸ 예 $2 \times 7, 2 \times 3$ / 42

❹ 예 $3 \times 5, 5 \times 5$ / 75

❺ 예 $3 \times 7, 2 \times 3 \times 7$ / 42

❻ 예 $2 \times 2 \times 2 \times 3,$
$2 \times 2 \times 3 \times 3$ / 72

53쪽

❼ 예 $3 \times 13, 2 \times 2 \times 13$
/ 156

❽ 예 $2 \times 2 \times 2 \times 5,$
$2 \times 2 \times 2 \times 2$ / 80

❾ 예 $2 \times 2 \times 11, 3 \times 11$
/ 132

❿ 예 $2 \times 2 \times 2 \times 2 \times 3,$
$2 \times 3 \times 5$ / 240

⓫ 예 $2 \times 2 \times 2 \times 7,$
$2 \times 2 \times 2 \times 2 \times 2$ / 224

⓬ 예 $2 \times 2 \times 3 \times 5,$
$2 \times 2 \times 2 \times 2 \times 5$ / 240

⓭ 예 $2 \times 2 \times 2 \times 3 \times 3,$
$2 \times 3 \times 3 \times 3$ / 216

⓮ 예 $2 \times 2 \times 2 \times 2 \times 2 \times 3, 2 \times 2 \times 2 \times 2 \times 2 \times 2$ / 192

⑨ 공약수를 이용하여 최소공배수 구하기

일차

54쪽

❶ 2) 4 14 / 28
　　　 2　 7

❷ 3) 9 15 / 45
　　　 3　 5

❸ 2) 10 6 / 30
　　　 5　 3

❹ 2) 18 16 / 144
　　　 9　 8

❺ 예 2) 20 12 / 60
　　　 2) 10　 6
　　　　　 5　 3

❻ 예 5) 25 75 / 75
　　　 5) 5 15
　　　　　 1　 3

55쪽

❼ 예 2) 28 42 / 84
　　　 7) 14 21
　　　　　 2　 3

❽ 예 2) 30 18 / 90
　　　 3) 15　 9
　　　　　 5　 3

❾ 예 2) 54 36 / 108
　　　 3) 27 18
　　　 3) 9　 6
　　　　　 3　 2

❿ 예 2) 64 80 / 320
　　　 2) 32 40
　　　 2) 16 20
　　　 2) 8 10
　　　　　 4　 5

⓫ 예 2) 72 40 / 360
　　　 2) 36 20
　　　 2) 18 10
　　　　　 9　 5

⓬ 예 2) 78 52 / 156
　　　 13) 39 26
　　　　　 3　 2

⓭ 예 2) 84 56 / 168
　　　 2) 42 28
　　　 7) 21 14
　　　　　 3　 2

⓮ 예 2) 96 24 / 96
　　　 2) 48 12
　　　 2) 24　 6
　　　 3) 12　 3
　　　　　 4　 1

⑩ 주어진 수가 ☐의 배수일 때, ☐ 구하기
⑪ 주어진 수가 ☐의 약수일 때, ☐ 구하기

10일차

56쪽

❶ 1, 2, 4
❷ 1, 3, 5, 15
❸ 1, 2, 4, 5, 10, 20
❹ 1, 3, 11, 33
❺ 1, 2, 3, 6, 7, 14, 21, 42
❻ 1, 2, 3, 4, 6, 8, 12, 16, 24, 48
❼ 1, 2, 3, 6, 9, 18, 27, 54
❽ 1, 2, 4, 8, 16, 32, 64

57쪽

❾ 8, 16, 24
❿ 12, 24, 36
⓫ 14, 28, 42
⓬ 27, 54, 81
⓭ 30, 60, 90
⓮ 48, 96, 144
⓯ 52, 104, 156
⓰ 66, 132, 198

⑫ 2, 3, 4의 배수 판정법
⑬ 5, 6, 9의 배수 판정법

11일차

58쪽

❶ 20, 48
❷ 340, 296
❸ 474, 160
❹ 45, 33
❺ 429, 564
❻ 372, 783
❼ 56, 64
❽ 300, 612

59쪽

❾ 25, 40
❿ 190, 375
⓫ 425, 260
⓬ 42, 30
⓭ 354, 462
⓮ 528, 816
⓯ 54, 72
⓰ 486, 513

0 • 개념플러스연산 파워 정답 5-1

⑭ 최대공약수로 공약수 구하기

⑮ 최소공배수로 공배수 구하기

12일차

60쪽

❶ 1, 3, 9

❷ 1, 5, 25

❸ 1, 2, 4, 5, 8, 10, 20, 40

❹ 1, 3, 7, 9, 21, 63

61쪽

❺ 10, 20, 30

❻ 21, 42, 63

❼ 32, 64, 96

❽ 49, 98, 147

⑯ ■와 ▲를 모두 나누어떨어지게 하는 어떤 수 중 가장 큰 수 구하기

⑰ 두 수로 모두 나누어떨어지는 수 중 가장 작은 수 구하기

13일차

62쪽

❶ 7

❷ 4

❸ 8

❹ 6

63쪽

❺ 24

❻ 30

❼ 84

❽ 135

⑱ 남김없이 똑같이 나누기

14일차

64쪽

❶ 9, 3, 3, 2 / 2가지

❷ 16, 5, 5, 4 / 4가지

65쪽

❸ 5가지

❹ 8가지

❺ 7가지

❸ 지우개 28개를 남김없이 똑같이 나누어 주려면 28의 약수를 구합니다.
28의 약수: 1, 2, 4, 7, 14, 28 ⇨ 28의 약수의 개수: 6개
따라서 한 명보다 많은 친구들에게 나누어 줄 수 있는 방법은
6−1=5(가지)입니다.

❹ 딸기 36개를 남김없이 똑같이 나누어 담으려면 36의 약수를 구합니다.
36의 약수: 1, 2, 3, 4, 6, 9, 12, 18, 36 ⇨ 36의 약수의 개수: 9개
따라서 접시를 한 개보다 많이 사용하여 나누어 담는 방법은
9−1=8(가지)입니다.

❺ 비누 40개를 남김없이 똑같이 나누어 담으려면 40의 약수를 구합니다.
40의 약수: 1, 2, 4, 5, 8, 10, 20, 40 ⇨ 40의 약수의 개수: 8개
따라서 상자를 한 개보다 많이 사용하여 나누어 담는 방법은
8−1=7(가지)입니다.

⑲ 일정한 간격으로 출발할 때 출발하는 시각 구하기

15일차

66쪽

❶ 17, 34, 34 / 오전 7시 34분

❷ 26, 39, 39 / 오전 5시 39분

67쪽

❸ 오전 9시 40분

❹ 4번

❺ 6번

③ 버스가 8분 간격으로 출발하므로 분이 8의 배수일 때 버스가 출발합니다.
출발 시각: 오전 9시, 오전 9시 8분, 오전 9시 16분, 오전 9시 24분,
오전 9시 32분, 오전 9시 40분……
따라서 여섯 번째로 버스가 출발하는 시각은 오전 9시 40분입니다.
④ 기차가 20분 간격으로 출발하므로 분이 20의 배수일 때 기차가 출발합니다.
출발 시각: 오후 1시, 오후 1시 20분, 오후 1시 40분,
오후 1시 60분(오후 2시)……
따라서 오후 1시부터 오후 2시까지 기차가 출발하는 횟수는 4번입니다.

⑤ 지하철이 11분 간격으로 출발하므로 분이 11의 배수일 때 지하철이 출발합니다.
출발 시각: 오전 6시, 오전 6시 11분, 오전 6시 22분, 오전 6시 33분,
오전 6시 44분, 오전 6시 55분, 오전 7시 6분……
따라서 오전 6시부터 오전 7시까지 지하철이 출발하는 횟수는 6번입니다.

⑳ 최대공약수 문장제

68쪽

① 28, 예 2) 16 28 , 4, 4 / 4명
    2) 8 · 14
        4   7

② 35, 7) 21 35 , 7, 7 / 7 cm
        3   5

③ 30과 50의 최대공약수를 구합니다.
   2) 30 50
   5) 15 25
        3   5 ⇨ 최대공약수: $2 \times 5 = 10$
따라서 최대 10명의 학생에게 나누어 줄 수 있습니다.

④ 42와 12의 최대공약수를 구합니다.
   2) 42 12
   3) 21   6
        7   2 ⇨ 최대공약수: $2 \times 3 = 6$
따라서 최대 6개의 상자에 나누어 담을 수 있습니다.

69쪽

③ 10명
④ 6개
⑤ 9 cm

⑤ 45와 36의 최대공약수를 구합니다.
   3) 45 36
   3) 15 12
        5   4 ⇨ 최대공약수: $3 \times 3 = 9$
따라서 색 테이프의 한 도막의 길이를 9 cm로 해야 합니다.

㉑ 최소공배수 문장제

70쪽

① 14, 2) 6 14 , 42, 42 / 42일 후
        3   7

② 20, 예 2) 12 20 , 60, 60 / 60 cm
        2) 6 10
            3   5

71쪽

③ 56분 후
④ 30분 후
⑤ 72일 후

③ 14와 8의 최소공배수를 구합니다.

2) 14   8
     7   4 ⇨ 최소공배수: $2 \times 7 \times 4 = 56$

따라서 다음번에 처음으로 두 사람이 출발점에서 다시 만나는 시각은 56분 후입니다.

④ 15와 10의 최소공배수를 구합니다.

5) 15   10
     3   2 ⇨ 최소공배수: $5 \times 3 \times 2 = 30$

따라서 다음번에 처음으로 두 기차가 동시에 출발할 때는 30분 후입니다.

⑤ 24와 18의 최소공배수를 구합니다.

2) 24   18
3) 12   9
     4   3 ⇨ 최소공배수: $2 \times 3 \times 4 \times 3 = 72$

따라서 다음번에 처음으로 두 가지를 동시에 할 때는 72일 후입니다.

평가 **2. 약수와 배수**

┤ 18일 차 ├

72쪽

1 1, 2, 4, 8

2 1, 2, 4, 5, 10, 20

3 15, 30, 45, 60, 75

4 21, 42, 63, 84, 105

5 ○

6 1, 3 / 36, 72

7 1, 7 / 70, 140

8 9 / 90

9 12 / 120

73쪽

10 1, 2, 4, 7, 14, 28

11 54, 372

12 18, 36, 54

13 9

14 7번

15 9개

16 24일 후

---

11 • 54: 짝수이고 각 자리 수의 합이 $5+4=9$로 3의 배수이므로 6의 배수입니다.

  • 160: 짝수이지만 각 자리 수의 합이 $1+6+0=7$로 3의 배수가 아니므로 6의 배수가 아닙니다.

  • 372: 짝수이고 각 자리 수의 합이 $3+7+2=12$로 3의 배수이므로 6의 배수입니다.

13 3) 27   45
    3) 9   15
       3   5 ⇨ 최대공약수: $3 \times 3 = 9$

따라서 어떤 수 중 가장 큰 수는 27과 45의 최대공약수인 9입니다.

14 셔틀버스가 9분 간격으로 출발하므로 분이 9의 배수일 때 셔틀버스가 출발합니다.

출발 시각: 오전 10시, 오전 10시 9분, 오전 10시 18분,
          오전 10시 27분, 오전 10시 36분, 오전 10시 45분,
          오전 10시 54분, 오전 11시 3분……

따라서 오전 10시부터 오전 11시까지 셔틀버스가 출발하는 횟수는 7번입니다.

15 18과 27의 최대공약수를 구합니다.

3) 18   27
3) 6   9
    2   3 ⇨ 최대공약수: $3 \times 3 = 9$

따라서 최대 9개의 접시에 나누어 담을 수 있습니다.

16 8과 12의 최소공배수를 구합니다.

2) 8   12
2) 4   6
    2   3 ⇨ 최소공배수: $2 \times 2 \times 2 \times 3 = 24$

따라서 다음번에 처음으로 두 기계가 동시에 점검을 받을 때는 24일 후입니다.

---

3. 규칙과 대응

① 두 양 사이의 관계

┤ 1일 차 ├

76쪽

❶ 4, 6, 8, 10 / 2, 2

❷ 4, 5, 6, 7 / 2, 2

77쪽

❸ 8, 12, 16, 20 / 4, 4

❹ 3, 4, 5, 6 / 1, 1

② 대응 관계를 식으로 나타내기

2일차

78쪽

❶ 5, 10, 15, 20, 25 / □×5=△ 또는 △÷5=□

❷ 14, 15, 16, 17, 18 / □+2=△ 또는 △−2=□

79쪽 ❗ 정답을 위에서부터 확인합니다.

❸ 4 / 10, 20, 30, 50 / □×10=△ 또는 △÷10=□

❹ 3, 5 / 7, 14, 28 / □×7=△ 또는 △÷7=□

❺ 2, 3 / 13, 52, 65 / □×13=△ 또는 △÷13=□

③ 생활 속에서 대응 관계를 찾아 식으로 나타내기

3일차

80쪽

❶ (위에서부터) 예 가방의 수를 3으로 나누면 진열장의 수와 같습니다. / 예 모자의 수, 가방의 수와 모자의 수는 같습니다.

❷ ① △÷3=□ 또는 □×3=△

② 예 모자의 수 / ○=☆

81쪽 ❗ 정답을 위에서부터 확인합니다.

❸ 4 / 3, 4, 6 / □+1=△ 또는 △−1=□

❹ 3, 5 / 12, 24 / □×6=△ 또는 △÷6=□

④ 규칙적인 배열에서 도형의 수 구하기

4일차

82쪽

❶ □×2=△ 또는 △÷2=□ / 12개

❷ □−1=△ 또는 △+1=□ / 8개

83쪽

❸ △−2=○ 또는 ○+2=△ / 8개

❹ △×3=○ 또는 ○÷3=△ / 21개

❺ △×2=○ 또는 ○÷2=△ / 24개

❶
사각형의 수(개)	1	2	3	4	……
삼각형의 수(개)	2	4	6	8	……

⇨ □×2=△이므로 사각형이 6개일 때 삼각형은 6×2=12(개)입니다.

❷
사각형의 수(개)	2	3	4	5	……
삼각형의 수(개)	1	2	3	4	……

⇨ □−1=△이므로 사각형이 9개일 때 삼각형은 9−1=8(개)입니다.

❸
삼각형의 수(개)	3	4	5	6	……
원의 수(개)	1	2	3	4	……

⇨ △−2=○이므로 삼각형이 10개일 때 원은 10−2=8(개)입니다.

❹
삼각형의 수(개)	1	2	3	4	……
원의 수(개)	3	6	9	12	……

⇨ △×3=○이므로 삼각형이 7개일 때 원은 7×3=21(개)입니다.

❺
삼각형의 수(개)	2	4	6	8	……
원의 수(개)	4	8	12	16	……

⇨ △×2=○이므로 삼각형이 12개일 때 원은 12×2=24(개)입니다.

84쪽

❶ □＋2＝△ 또는 △－2＝□ / 9개

❷ □＋3＝△ 또는 △－3＝□ / 17개

85쪽

❸ □×2＝△ 또는 △÷2＝□ / 20개

❹ □×4＝△ 또는 △÷4＝□ / 52개

❺ 예 □×□＝△ / 36개

❶
배열 순서	1	2	3	4	……
사각형 조각의 수(개)	3	4	5	6	……

⇨ □＋2＝△이므로 일곱째에는 사각형 조각이 7＋2＝9(개) 필요합니다.

❷
배열 순서	1	2	3	4	……
원 조각의 수(개)	4	5	6	7	……

⇨ □＋3＝△이므로 열넷째에는 원 조각이 14＋3＝17(개) 필요합니다.

❸
배열 순서	1	2	3	4	……
삼각형 조각의 수(개)	2	4	6	8	……

⇨ □×2＝△이므로 열째에는 삼각형 조각이 10×2＝20(개) 필요합니다.

❹
배열 순서	1	2	3	4	……
사각형 조각의 수(개)	4	8	12	16	……

⇨ □×4＝△이므로 열셋째에는 사각형 조각이 13×4＝52(개) 필요합니다.

❺
배열 순서	1	2	3	4	……
삼각형 조각의 수(개)	1	4	9	16	……

⇨ □×□＝△이므로 여섯째에는 삼각형 조각이 6×6＝36(개) 필요합니다.

평가 3. 규칙과 대응

86쪽

1 4, 6, 8 / 2, 2

2 10, 15, 20 / 5, 5

3 4, 6, 8 / □×2＝△ 또는 △÷2＝□

4 예 도막의 수 / (자른 횟수)＋1＝(도막의 수)

87쪽

5 □－1＝△ 또는 △＋1＝□ / 9개

6 □×2＝△ 또는 △÷2＝□ / 20개

7 □＋1＝△ 또는 △－1＝□ / 11개

8 □＋2＝△ 또는 △－2＝□ / 17개

9 □＋4＝△ 또는 △－4＝□ / 19개

10 □×2＝△ 또는 △÷2＝□ / 30개

5
사각형의 수(개)	2	3	4	5	……
삼각형의 수(개)	1	2	3	4	……

⇨ □－1＝△이므로 사각형이 10개일 때 삼각형은 10－1＝9(개) 입니다.

6
사각형의 수(개)	1	2	3	4	……
삼각형의 수(개)	2	4	6	8	……

⇨ □×2＝△이므로 사각형이 10개일 때 삼각형은 10×2＝20(개) 입니다.

7
사각형의 수(개)	1	2	3	4	……
삼각형의 수(개)	2	3	4	5	……

⇨ □＋1＝△이므로 사각형이 10개일 때 삼각형은 10＋1＝11(개) 입니다.

8
배열 순서	1	2	3	4	……
사각형 조각의 수(개)	3	4	5	6	……

⇨ □＋2＝△이므로 열다섯째에는 사각형 조각이 15＋2＝17(개) 필요합니다.

9
배열 순서	1	2	3	4	……
육각형 조각의 수(개)	5	6	7	8	……

⇨ □＋4＝△이므로 열다섯째에는 육각형 조각이 15＋4＝19(개) 필요합니다.

10
배열 순서	1	2	3	4	……
삼각형 조각의 수(개)	2	4	6	8	……

⇨ □×2＝△이므로 열다섯째에는 삼각형 조각이 15×2＝30(개) 필요합니다.

4. 약분과 통분

① 곱셈을 이용하여 크기가 같은 분수 만들기   ② 나눗셈을 이용하여 크기가 같은 분수 만들기

1일 차

90쪽

❶ $\dfrac{2}{6}$, $\dfrac{3}{9}$, $\dfrac{4}{12}$

❷ $\dfrac{6}{8}$, $\dfrac{9}{12}$, $\dfrac{12}{16}$

❸ $\dfrac{4}{10}$, $\dfrac{6}{15}$, $\dfrac{8}{20}$

❹ $\dfrac{10}{12}$, $\dfrac{15}{18}$, $\dfrac{20}{24}$

❺ $\dfrac{6}{16}$, $\dfrac{9}{24}$, $\dfrac{12}{32}$

❻ $\dfrac{4}{18}$, $\dfrac{6}{27}$, $\dfrac{8}{36}$

❼ $\dfrac{14}{20}$, $\dfrac{21}{30}$, $\dfrac{28}{40}$

❽ $\dfrac{12}{22}$, $\dfrac{18}{33}$, $\dfrac{24}{44}$

❾ $\dfrac{16}{30}$, $\dfrac{24}{45}$, $\dfrac{32}{60}$

❿ $\dfrac{26}{40}$, $\dfrac{39}{60}$, $\dfrac{52}{80}$

91쪽

⓫ $\dfrac{6}{9}$, $\dfrac{4}{6}$, $\dfrac{2}{3}$

⓬ $\dfrac{5}{10}$, $\dfrac{2}{4}$, $\dfrac{1}{2}$

⓭ $\dfrac{15}{18}$, $\dfrac{10}{12}$, $\dfrac{5}{6}$

⓮ $\dfrac{12}{20}$, $\dfrac{6}{10}$, $\dfrac{3}{5}$

⓯ $\dfrac{7}{21}$, $\dfrac{2}{6}$, $\dfrac{1}{3}$

⓰ $\dfrac{14}{28}$, $\dfrac{7}{14}$, $\dfrac{4}{8}$

⓱ $\dfrac{5}{20}$, $\dfrac{3}{12}$, $\dfrac{1}{4}$

⓲ $\dfrac{12}{36}$, $\dfrac{8}{24}$, $\dfrac{6}{18}$

⓳ $\dfrac{21}{42}$, $\dfrac{14}{28}$, $\dfrac{7}{14}$

⓴ $\dfrac{30}{48}$, $\dfrac{20}{32}$, $\dfrac{15}{24}$

③ 약분   ④ 기약분수

2일 차

92쪽

❶ $\dfrac{2}{6}$, $\dfrac{1}{3}$

❷ $\dfrac{2}{8}$, $\dfrac{1}{4}$

❸ $\dfrac{8}{12}$, $\dfrac{4}{6}$, $\dfrac{2}{3}$

❹ $\dfrac{12}{15}$, $\dfrac{8}{10}$, $\dfrac{4}{5}$

❺ $\dfrac{9}{18}$, $\dfrac{6}{12}$, $\dfrac{3}{6}$, $\dfrac{2}{4}$, $\dfrac{1}{2}$

❻ $\dfrac{8}{20}$, $\dfrac{4}{10}$, $\dfrac{2}{5}$

❼ $\dfrac{9}{27}$, $\dfrac{6}{18}$, $\dfrac{3}{9}$, $\dfrac{2}{6}$, $\dfrac{1}{3}$

❽ $\dfrac{6}{30}$, $\dfrac{4}{20}$, $\dfrac{3}{15}$, $\dfrac{2}{10}$, $\dfrac{1}{5}$

❾ $\dfrac{5}{15}$, $\dfrac{1}{3}$

❿ $\dfrac{6}{27}$, $\dfrac{2}{9}$

93쪽

⓫ $\dfrac{2}{3}$

⓬ $\dfrac{3}{4}$

⓭ $\dfrac{2}{7}$

⓮ $\dfrac{3}{5}$

⓯ $\dfrac{4}{7}$

⓰ $\dfrac{2}{9}$

⓱ $\dfrac{3}{4}$

⓲ $\dfrac{5}{6}$

⓳ $\dfrac{5}{9}$

⓴ $\dfrac{7}{18}$

⑤ 통분

3일 차

94쪽

❶ $\dfrac{5}{15}$, $\dfrac{6}{15}$

❷ $\dfrac{18}{27}$, $\dfrac{15}{27}$

❸ $\dfrac{24}{32}$, $\dfrac{4}{32}$

❹ $\dfrac{21}{35}$, $\dfrac{20}{35}$

❺ $\dfrac{36}{40}$, $\dfrac{30}{40}$

❻ $\dfrac{18}{48}$, $\dfrac{40}{48}$

❼ $\dfrac{42}{54}$, $\dfrac{9}{54}$

❽ $\dfrac{50}{60}$, $\dfrac{18}{60}$

❾ $\dfrac{45}{63}$, $\dfrac{14}{63}$

❿ $\dfrac{40}{96}$, $\dfrac{36}{96}$

95쪽

⓫ $\dfrac{3}{12}$, $\dfrac{10}{12}$

⓬ $\dfrac{8}{14}$, $\dfrac{5}{14}$

⓭ $\dfrac{6}{15}$, $\dfrac{7}{15}$

⓮ $\dfrac{8}{18}$, $\dfrac{3}{18}$

⓯ $\dfrac{5}{20}$, $\dfrac{6}{20}$

⓰ $\dfrac{20}{24}$, $\dfrac{9}{24}$

⓱ $\dfrac{6}{28}$, $\dfrac{7}{28}$

⓲ $\dfrac{27}{36}$, $\dfrac{14}{36}$

⓳ $\dfrac{36}{40}$, $\dfrac{25}{40}$

⓴ $\dfrac{9}{48}$, $\dfrac{40}{48}$

㉑ $\dfrac{21}{54}$, $\dfrac{8}{54}$

㉒ $\dfrac{27}{60}$, $\dfrac{28}{60}$

㉓ $\dfrac{14}{72}$, $\dfrac{15}{72}$

㉔ $\dfrac{25}{90}$, $\dfrac{24}{90}$

6 분수의 크기 비교하기

4일차

96쪽

❶ <　　❻ >　　⓫ <
❷ <　　❼ <　　⓬ <
❸ >　　❽ >　　⓭ >
❹ <　　❾ <　　⓮ >
❺ >　　❿ >　　⓯ <

97쪽

⓰ $\frac{5}{6}$에 ○표, $\frac{1}{2}$에 △표　　㉒ $\frac{5}{6}$에 ○표, $\frac{3}{8}$에 △표

⓱ $\frac{4}{5}$에 ○표, $\frac{2}{3}$에 △표　　㉓ $\frac{7}{10}$에 ○표, $\frac{4}{7}$에 △표

⓲ $\frac{3}{4}$에 ○표, $\frac{1}{6}$에 △표　　㉔ $\frac{3}{8}$에 ○표, $\frac{2}{7}$에 △표

⓳ $\frac{2}{5}$에 ○표, $\frac{4}{15}$에 △표　　㉕ $\frac{3}{4}$에 ○표, $\frac{9}{40}$에 △표

⓴ $\frac{2}{3}$에 ○표, $\frac{7}{18}$에 △표　　㉖ $\frac{11}{12}$에 ○표, $\frac{7}{24}$에 △표

㉑ $\frac{11}{12}$에 ○표, $\frac{3}{5}$에 △표　　㉗ $\frac{5}{12}$에 ○표, $\frac{7}{36}$에 △표

7 분수를 소수로 나타내기

98쪽

❶ 0.25　　❻ 0.55
❷ 0.2　　❼ 0.04
❸ 0.8　　❽ 0.36
❹ 0.375　　❾ 0.075
❺ 0.875　　❿ 0.26

8 소수를 분수로 나타내기

5일차

99쪽

⓫ $\frac{2}{5}$　　⓰ $\frac{3}{4}$

⓬ $\frac{1}{2}$　　⓱ $\frac{17}{20}$

⓭ $\frac{3}{5}$　　⓲ $\frac{7}{40}$

⓮ $\frac{9}{50}$　　⓳ $\frac{9}{40}$

⓯ $\frac{1}{4}$　　⓴ $\frac{5}{8}$

9 분수와 소수의 크기 비교하기

6일차

100쪽

❶ <　　❻ <　　⓫ <
❷ <　　❼ >　　⓬ =
❸ >　　❽ >　　⓭ <
❹ <　　❾ <　　⓮ >
❺ <　　❿ >　　⓯ >

101쪽

⓰ <　　㉓ <　　㉚ >
⓱ >　　㉔ <　　㉛ <
⓲ >　　㉕ >　　㉜ >
⓳ <　　㉖ >　　㉝ <
⓴ <　　㉗ <　　㉞ <
㉑ >　　㉘ <　　㉟ >
㉒ <　　㉙ >　　㊱ >

⑩ 분자를 같게 만들어 분수의 크기 비교하기

⑪ 분자가 분모보다 1만큼 더 작은 분수끼리의 크기 비교하기

102쪽

❶ 8 / >　　　❺ 46, 39 / <
❷ 14 / <　　　❻ 45, 38 / <
❸ 34 / >　　　❼ 52, 45 / <
❹ 18 / >　　　❽ 50, 77 / >

103쪽

❾ < / <　　　⓭ < / <
❿ < / <　　　⓮ > / >
⓫ > / >　　　⓯ > / >
⓬ < / <　　　⓰ < / <

⑫ 시간을 기약분수로 나타내기

⑬ 분수로 나타낸 시간을 몇 시간 몇 분으로 나타내기

104쪽

❶ 15, $\frac{1}{4}$　　　❺ 1, 14, $1\frac{7}{30}$
❷ 25, $\frac{5}{12}$　　　❻ 2, 42, $2\frac{7}{10}$
❸ 30, $\frac{1}{2}$　　　❼ 2, 52, $2\frac{13}{15}$
❹ 33, $\frac{11}{20}$　　　❽ 3, 36, $3\frac{3}{5}$

105쪽

❾ 20, 20　　　⓭ 1, 50, 1, 50
❿ 12, 12　　　⓮ 1, 27, 1, 27
⓫ 32, 32　　　⓯ 2, 45, 2, 45
⓬ 34, 34　　　⓰ 3, 35, 3, 35

⑭ 약분하기 전의 분수 구하기

⑮ 통분하기 전의 두 기약분수 구하기

106쪽

❶ $\frac{6}{9}$　　　❹ $\frac{35}{63}$
❷ $\frac{4}{10}$　　　❺ $\frac{30}{55}$
❸ $\frac{45}{54}$　　　❻ $\frac{48}{90}$

107쪽

❼ $\frac{2}{3}, \frac{1}{2}$　　　❿ $\frac{1}{6}, \frac{3}{8}$
❽ $\frac{1}{4}, \frac{5}{6}$　　　⓫ $\frac{4}{9}, \frac{2}{5}$
❾ $\frac{2}{7}, \frac{1}{2}$　　　⓬ $\frac{3}{8}, \frac{5}{7}$

❶ $\frac{2}{3}=\frac{2\times3}{3\times3}=\frac{6}{9}$

❷ $\frac{2}{5}=\frac{2\times2}{5\times2}=\frac{4}{10}$

❸ $\frac{5}{6}=\frac{5\times9}{6\times9}=\frac{45}{54}$

❹ $\frac{5}{9}=\frac{5\times7}{9\times7}=\frac{35}{63}$

❺ $\frac{6}{11}=\frac{6\times5}{11\times5}=\frac{30}{55}$

❻ $\frac{8}{15}=\frac{8\times6}{15\times6}=\frac{48}{90}$

❼ $\frac{4}{6}=\frac{4\div2}{6\div2}=\frac{2}{3}, \frac{3}{6}=\frac{3\div3}{6\div3}=\frac{1}{2}$

❽ $\frac{3}{12}=\frac{3\div3}{12\div3}=\frac{1}{4}, \frac{10}{12}=\frac{10\div2}{12\div2}=\frac{5}{6}$

❾ $\frac{4}{14}=\frac{4\div2}{14\div2}=\frac{2}{7}, \frac{7}{14}=\frac{7\div7}{14\div7}=\frac{1}{2}$

❿ $\frac{4}{24}=\frac{4\div4}{24\div4}=\frac{1}{6}, \frac{9}{24}=\frac{9\div3}{24\div3}=\frac{3}{8}$

⓫ $\frac{20}{45}=\frac{20\div5}{45\div5}=\frac{4}{9}, \frac{18}{45}=\frac{18\div9}{45\div9}=\frac{2}{5}$

⓬ $\frac{21}{56}=\frac{21\div7}{56\div7}=\frac{3}{8}, \frac{40}{56}=\frac{40\div8}{56\div8}=\frac{5}{7}$

108쪽

❶ $\dfrac{20}{36}$

❷ $\dfrac{5}{25}$

❸ $\dfrac{12}{42}$

❹ $\dfrac{21}{70}$

❺ $\dfrac{40}{64}$

❻ $\dfrac{45}{54}$

109쪽

❼ $\dfrac{4}{16}$

❽ $\dfrac{40}{75}$

❾ $\dfrac{30}{66}$

❿ $\dfrac{21}{49}$

⓫ $\dfrac{56}{96}$

⓬ $\dfrac{27}{90}$

❶ $\cdot\dfrac{5}{9}$의 분모와 분자의 합: $9+5=14$ $\cdot 56\div14=4$

$\Rightarrow \dfrac{5}{9}=\dfrac{5\times4}{9\times4}=\dfrac{20}{36}$

❷ $\cdot\dfrac{1}{5}$의 분모와 분자의 합: $5+1=6$ $\cdot 30\div6=5$

$\Rightarrow \dfrac{1}{5}=\dfrac{1\times5}{5\times5}=\dfrac{5}{25}$

❸ $\cdot\dfrac{2}{7}$의 분모와 분자의 합: $7+2=9$ $\cdot 54\div9=6$

$\Rightarrow \dfrac{2}{7}=\dfrac{2\times6}{7\times6}=\dfrac{12}{42}$

❹ $\cdot\dfrac{3}{10}$의 분모와 분자의 합: $10+3=13$ $\cdot 91\div13=7$

$\Rightarrow \dfrac{3}{10}=\dfrac{3\times7}{10\times7}=\dfrac{21}{70}$

❺ $\cdot\dfrac{5}{8}$의 분모와 분자의 합: $8+5=13$ $\cdot 104\div13=8$

$\Rightarrow \dfrac{5}{8}=\dfrac{5\times8}{8\times8}=\dfrac{40}{64}$

❻ $\cdot\dfrac{5}{6}$의 분모와 분자의 합: $6+5=11$ $\cdot 99\div11=9$

$\Rightarrow \dfrac{5}{6}=\dfrac{5\times9}{6\times9}=\dfrac{45}{54}$

❼ $\cdot\dfrac{1}{4}$의 분모와 분자의 차: $4-1=3$ $\cdot 12\div3=4$

$\Rightarrow \dfrac{1}{4}=\dfrac{1\times4}{4\times4}=\dfrac{4}{16}$

❽ $\cdot\dfrac{8}{15}$의 분모와 분자의 차: $15-8=7$ $\cdot 35\div7=5$

$\Rightarrow \dfrac{8}{15}=\dfrac{8\times5}{15\times5}=\dfrac{40}{75}$

❾ $\cdot\dfrac{5}{11}$의 분모와 분자의 차: $11-5=6$ $\cdot 36\div6=6$

$\Rightarrow \dfrac{5}{11}=\dfrac{5\times6}{11\times6}=\dfrac{30}{66}$

❿ $\cdot\dfrac{3}{7}$의 분모와 분자의 차: $7-3=4$ $\cdot 28\div4=7$

$\Rightarrow \dfrac{3}{7}=\dfrac{3\times7}{7\times7}=\dfrac{21}{49}$

⓫ $\cdot\dfrac{7}{12}$의 분모와 분자의 차: $12-7=5$ $\cdot 40\div5=8$

$\Rightarrow \dfrac{7}{12}=\dfrac{7\times8}{12\times8}=\dfrac{56}{96}$

⓬ $\cdot\dfrac{3}{10}$의 분모와 분자의 차: $10-3=7$ $\cdot 63\div7=9$

$\Rightarrow \dfrac{3}{10}=\dfrac{3\times9}{10\times9}=\dfrac{27}{90}$

[평가] 4. 약분과 통분

11일 차

110쪽

1 [예] $\dfrac{8}{14}$, $\dfrac{12}{21}$, $\dfrac{16}{28}$

2 [예] $\dfrac{8}{16}$, $\dfrac{4}{8}$, $\dfrac{2}{4}$

3 $\dfrac{8}{10}$, $\dfrac{4}{5}$

4 $\dfrac{6}{21}$, $\dfrac{4}{14}$, $\dfrac{2}{7}$

5 $\dfrac{5}{8}$

6 $\dfrac{3}{4}$

7 [예] $\dfrac{2}{6}$, $\dfrac{5}{6}$

8 [예] $\dfrac{21}{30}$, $\dfrac{4}{30}$

9 $<$

10 $>$

11 $>$

12 $<$

111쪽

13 40, $\dfrac{2}{3}$

14 1, 48, 1, 48

15 $\dfrac{8}{28}$

16 $\dfrac{21}{36}$

17 $\dfrac{2}{5}$, $\dfrac{2}{3}$

18 $\dfrac{5}{8}$, $\dfrac{1}{2}$

19 $\dfrac{10}{15}$

20 $\dfrac{35}{63}$

15 $\dfrac{2}{7}=\dfrac{2\times4}{7\times4}=\dfrac{8}{28}$

16 $\dfrac{7}{12}=\dfrac{7\times3}{12\times3}=\dfrac{21}{36}$

17 두 분수를 각각 분모와 분자의 최대공약수로 약분합니다.
$\dfrac{6}{15}=\dfrac{6\div3}{15\div3}=\dfrac{2}{5}$, $\dfrac{10}{15}=\dfrac{10\div5}{15\div5}=\dfrac{2}{3}$

18 두 분수를 각각 분모와 분자의 최대공약수로 약분합니다.
$\dfrac{20}{32}=\dfrac{20\div4}{32\div4}=\dfrac{5}{8}$, $\dfrac{16}{32}=\dfrac{16\div16}{32\div16}=\dfrac{1}{2}$

19 ・$\dfrac{2}{3}$의 분모와 분자의 합: $3+2=5$　・$25\div5=5$
$\Rightarrow \dfrac{2}{3}=\dfrac{2\times5}{3\times5}=\dfrac{10}{15}$

20 ・$\dfrac{5}{9}$의 분모와 분자의 차: $9-5=4$　・$28\div4=7$
$\Rightarrow \dfrac{5}{9}=\dfrac{5\times7}{9\times7}=\dfrac{35}{63}$

5. 분수의 덧셈과 뺄셈

① 받아올림이 없는 분모가 다른 진분수의 덧셈

1일차

114쪽

❶ $\dfrac{7}{10}$

❷ $\dfrac{7}{12}$

❸ $\dfrac{7}{30}$

❹ $\dfrac{17}{70}$

❺ $\dfrac{17}{72}$

❻ $\dfrac{3}{4}$

❼ $\dfrac{11}{14}$

❽ $\dfrac{13}{15}$

❾ $\dfrac{13}{16}$

❿ $\dfrac{13}{18}$

⓫ $\dfrac{1}{2}$

⓬ $\dfrac{17}{20}$

⓭ $\dfrac{17}{20}$

⓮ $\dfrac{20}{21}$

⓯ $\dfrac{23}{25}$

115쪽

⓰ $\dfrac{21}{26}$

⓱ $\dfrac{5}{6}$

⓲ $\dfrac{23}{34}$

⓳ $\dfrac{35}{36}$

⓴ $\dfrac{37}{40}$

㉑ $\dfrac{5}{8}$

㉒ $\dfrac{41}{42}$

㉓ $\dfrac{37}{42}$

㉔ $\dfrac{51}{56}$

㉕ $\dfrac{13}{15}$

㉖ $\dfrac{52}{63}$

㉗ $\dfrac{61}{65}$

㉘ $\dfrac{47}{66}$

㉙ $\dfrac{61}{70}$

㉚ $\dfrac{73}{78}$

㉛ $\dfrac{64}{81}$

㉜ $\dfrac{59}{84}$

㉝ $\dfrac{73}{90}$

㉞ $\dfrac{58}{99}$

㉟ $\dfrac{83}{117}$

㊱ $\dfrac{109}{120}$

② 받아올림이 있는 분모가 다른 진분수의 덧셈

2일차

116쪽

❶ $1\dfrac{1}{6}$

❷ $1\dfrac{5}{9}$

❸ $1\dfrac{1}{10}$

❹ $1\dfrac{1}{12}$

❺ $1\dfrac{5}{14}$

❻ $1\dfrac{1}{15}$

❼ $1\dfrac{13}{18}$

❽ $1\dfrac{5}{18}$

❾ $1\dfrac{7}{20}$

❿ $1\dfrac{7}{22}$

⓫ $1\dfrac{5}{24}$

⓬ $1\dfrac{13}{28}$

⓭ $1\dfrac{1}{28}$

⓮ $1\dfrac{13}{30}$

⓯ $1\dfrac{1}{30}$

117쪽

⓰ $1\dfrac{8}{33}$

⓱ $1\dfrac{8}{35}$

⓲ $1\dfrac{7}{36}$

⓳ $1\dfrac{5}{39}$

⓴ $1\dfrac{17}{40}$

㉑ $1\dfrac{2}{21}$

㉒ $1\dfrac{1}{21}$

㉓ $1\dfrac{7}{44}$

㉔ $1\dfrac{4}{45}$

㉕ $1\dfrac{29}{48}$

㉖ $1\dfrac{13}{56}$

㉗ $1\dfrac{23}{60}$

㉘ $1\dfrac{44}{63}$

㉙ $1\dfrac{23}{68}$

㉚ $1\dfrac{11}{72}$

㉛ $1\dfrac{34}{77}$

㉜ $1\dfrac{21}{80}$

㉝ $1\dfrac{11}{90}$

㉞ $1\dfrac{13}{90}$

㉟ $1\dfrac{24}{91}$

㊱ $1\dfrac{19}{100}$

③ 대분수의 덧셈

118쪽

1. $3\frac{2}{3}$
2. $2\frac{7}{12}$
3. $5\frac{11}{36}$
4. $5\frac{9}{40}$
5. $5\frac{18}{65}$
6. $5\frac{7}{9}$
7. $9\frac{7}{12}$
8. $5\frac{23}{24}$
9. $2\frac{31}{33}$
10. $5\frac{35}{36}$
11. $5\frac{26}{45}$
12. $4\frac{37}{56}$
13. $7\frac{61}{70}$
14. $6\frac{61}{80}$
15. $8\frac{71}{84}$

119쪽

16. $4\frac{1}{8}$
17. $7\frac{2}{5}$
18. $6\frac{1}{12}$
19. $5\frac{7}{15}$
20. $6\frac{9}{16}$
21. $10\frac{3}{20}$
22. $5\frac{7}{24}$
23. $8\frac{8}{27}$
24. $7\frac{3}{10}$
25. $6\frac{4}{35}$
26. $8\frac{14}{39}$
27. $7\frac{11}{42}$
28. $9\frac{2}{21}$
29. $7\frac{10}{51}$
30. $5\frac{3}{56}$
31. $5\frac{47}{63}$
32. $3\frac{3}{35}$
33. $8\frac{21}{80}$
34. $6\frac{16}{85}$
35. $8\frac{37}{99}$
36. $8\frac{39}{140}$

④ 그림에서 두 분수의 덧셈하기

120쪽

1. $\frac{7}{9}$ / $1\frac{9}{14}$
2. $\frac{11}{16}$ / $1\frac{19}{30}$
3. $\frac{15}{28}$ / $6\frac{4}{9}$
4. $\frac{5}{6}$ / $3\frac{5}{24}$
5. $1\frac{13}{40}$ / $5\frac{6}{35}$
6. $1\frac{11}{42}$ / $6\frac{17}{36}$

⑤ 두 분수의 합 구하기

121쪽

7. $\frac{7}{8}$
8. $\frac{27}{44}$
9. $1\frac{7}{12}$
10. $1\frac{2}{5}$
11. $1\frac{1}{15}$
12. $8\frac{2}{21}$
13. $5\frac{8}{45}$
14. $7\frac{27}{56}$

⑥ 뺄셈식에서 어떤 수 구하기

122쪽

1. $\frac{5}{6}$
2. $\frac{5}{8}$
3. $\frac{11}{15}$
4. $\frac{13}{16}$
5. $\frac{34}{35}$
6. $\frac{19}{42}$
7. $1\frac{5}{18}$
8. $1\frac{3}{28}$

123쪽

9. $1\frac{13}{40}$
10. $1\frac{14}{45}$
11. $1\frac{8}{63}$
12. $1\frac{1}{72}$
13. $5\frac{7}{10}$
14. $5\frac{31}{42}$
15. $6\frac{53}{54}$
16. $5\frac{2}{21}$
17. $6\frac{19}{36}$
18. $9\frac{7}{60}$

❶ $\frac{1}{2}+\frac{1}{3}=\square,\ \square=\frac{5}{6}$

❷ $\frac{3}{8}+\frac{1}{4}=\square,\ \square=\frac{5}{8}$

❸ $\frac{3}{5}+\frac{2}{15}=\square,\ \square=\frac{11}{15}$

❹ $\frac{3}{16}+\frac{5}{8}=\square,\ \square=\frac{13}{16}$

❺ $\frac{2}{5}+\frac{4}{7}=\square,\ \square=\frac{34}{35}$

❻ $\frac{2}{7}+\frac{1}{6}=\square,\ \square=\frac{19}{42}$

❼ $\frac{1}{2}+\frac{7}{9}=\square,\ \square=1\frac{5}{18}$

❽ $\frac{5}{14}+\frac{3}{4}=\square,\ \square=1\frac{3}{28}$

❾ $\frac{9}{20}+\frac{7}{8}=\square,\ \square=1\frac{13}{40}$

❿ $\frac{7}{9}+\frac{8}{15}=\square,\ \square=1\frac{14}{45}$

⓫ $\frac{5}{9}+\frac{4}{7}=\square,\ \square=1\frac{8}{63}$

⓬ $\frac{7}{18}+\frac{5}{8}=\square,\ \square=1\frac{1}{72}$

⓭ $2\frac{3}{10}+3\frac{2}{5}=\square,\ \square=5\frac{7}{10}$

⓮ $4\frac{9}{14}+1\frac{2}{21}=\square,\ \square=5\frac{31}{42}$

⓯ $2\frac{4}{27}+4\frac{5}{6}=\square,\ \square=6\frac{53}{54}$

⓰ $2\frac{2}{3}+2\frac{3}{7}=\square,\ \square=5\frac{2}{21}$

⓱ $3\frac{3}{4}+2\frac{7}{9}=\square,\ \square=6\frac{19}{36}$

⓲ $5\frac{8}{15}+3\frac{7}{12}=\square,\ \square=9\frac{7}{60}$

⑦ 덧셈 문장제

6일 차

124쪽 ❗계산 결과를 기약분수로 나타내지 않아도 정답으로 인정합니다.

❶ $\frac{2}{5},\ \frac{1}{4},\ \frac{13}{20}\ /\ \frac{13}{20}$ m

❷ $2\frac{1}{2},\ 2\frac{2}{3},\ 5\frac{1}{6}\ /\ 5\frac{1}{6}$ L

125쪽

❸ $\frac{5}{12}+\frac{3}{8}=\frac{19}{24}\ /\ \frac{19}{24}$ kg

❹ $\frac{5}{7}+\frac{4}{9}=1\frac{10}{63}\ /\ 1\frac{10}{63}$ km

❺ $2\frac{4}{15}+4\frac{5}{6}=7\frac{1}{10}\ /\ 7\frac{1}{10}$ L

❸ (콩과 팥의 양)=(콩의 양)+(팥의 양)

$\qquad =\frac{5}{12}+\frac{3}{8}=\frac{19}{24}$ (kg)

❹ (학교에서 공원을 지나 서점까지의 거리)

=(학교에서 공원까지의 거리)+(공원에서 서점까지의 거리)

$=\frac{5}{7}+\frac{4}{9}=1\frac{10}{63}$ (km)

❺ (매실 음료의 양)=(매실 원액의 양)+(물의 양)

$\qquad =2\frac{4}{15}+4\frac{5}{6}=7\frac{1}{10}$ (L)

⑧ 바르게 계산한 값 구하기

7일 차

126쪽 ❗계산 결과를 기약분수로 나타내지 않아도 정답으로 인정합니다.

❶ $\frac{1}{8},\ \frac{1}{8},\ \frac{5}{8},\ \frac{5}{8},\ 1\frac{1}{8}\ /\ 1\frac{1}{8}$

❷ $1\frac{4}{15},\ 1\frac{4}{15},\ 2\frac{13}{15},\ 2\frac{13}{15},\ 4\frac{7}{15}\ /\ 4\frac{7}{15}$

127쪽

❸ $1\frac{17}{35}$

❹ $5\frac{4}{5}$

❺ $8\frac{5}{36}$

❸ 어떤 수를 ▢라 하면

$\square - \dfrac{3}{5} = \dfrac{2}{7}$ 이므로 $\square = \dfrac{2}{7} + \dfrac{3}{5} = \dfrac{31}{35}$ 입니다.

따라서 바르게 계산한 값은 $\dfrac{31}{35} + \dfrac{3}{5} = 1\dfrac{17}{35}$ 입니다.

❹ 어떤 수를 ▢라 하면

$\square - 2\dfrac{1}{4} = 1\dfrac{3}{10}$ 이므로 $\square = 1\dfrac{3}{10} + 2\dfrac{1}{4} = 3\dfrac{11}{20}$ 입니다.

따라서 바르게 계산한 값은 $3\dfrac{11}{20} + 2\dfrac{1}{4} = 5\dfrac{4}{5}$ 입니다.

❺ 어떤 수를 ▢라 하면

$\square - 2\dfrac{4}{9} = 3\dfrac{1}{4}$ 이므로 $\square = 3\dfrac{1}{4} + 2\dfrac{4}{9} = 5\dfrac{25}{36}$ 입니다.

따라서 바르게 계산한 값은 $5\dfrac{25}{36} + 2\dfrac{4}{9} = 8\dfrac{5}{36}$ 입니다.

---

⑨ 진분수의 뺄셈

128쪽

❶ $\dfrac{2}{9}$
❷ $\dfrac{1}{12}$
❸ $\dfrac{9}{22}$
❹ $\dfrac{2}{35}$
❺ $\dfrac{1}{60}$

❻ $\dfrac{1}{2}$
❼ $\dfrac{1}{10}$
❽ $\dfrac{5}{14}$
❾ $\dfrac{1}{15}$
❿ $\dfrac{3}{16}$

⓫ $\dfrac{1}{18}$
⓬ $\dfrac{13}{18}$
⓭ $\dfrac{3}{20}$
⓮ $\dfrac{11}{20}$
⓯ $\dfrac{1}{21}$

129쪽

⑯ $\dfrac{5}{24}$
⑰ $\dfrac{7}{24}$
⑱ $\dfrac{3}{28}$
⑲ $\dfrac{9}{28}$
⑳ $\dfrac{13}{30}$
㉑ $\dfrac{1}{12}$
㉒ $\dfrac{11}{36}$

㉓ $\dfrac{1}{39}$
㉔ $\dfrac{21}{40}$
㉕ $\dfrac{11}{42}$
㉖ $\dfrac{25}{48}$
㉗ $\dfrac{5}{54}$
㉘ $\dfrac{13}{55}$
㉙ $\dfrac{1}{56}$

㉚ $\dfrac{23}{60}$
㉛ $\dfrac{3}{35}$
㉜ $\dfrac{1}{75}$
㉝ $\dfrac{13}{80}$
㉞ $\dfrac{43}{84}$
㉟ $\dfrac{19}{90}$
㊱ $\dfrac{49}{110}$

---

⑩ 받아내림이 없는 분모가 다른 대분수의 뺄셈

130쪽

❶ $2\dfrac{1}{4}$
❷ $3\dfrac{1}{18}$
❸ $2\dfrac{1}{22}$
❹ $3\dfrac{10}{39}$
❺ $1\dfrac{5}{84}$

❻ $3\dfrac{2}{9}$
❼ $1\dfrac{3}{10}$
❽ $6\dfrac{1}{10}$
❾ $\dfrac{1}{12}$
❿ $2\dfrac{1}{4}$

⓫ $2\dfrac{1}{14}$
⓬ $4\dfrac{1}{5}$
⓭ $1\dfrac{9}{16}$
⓮ $3\dfrac{7}{18}$
⓯ $5\dfrac{4}{9}$

131쪽

⑯ $4\dfrac{11}{20}$
⑰ $2\dfrac{2}{21}$
⑱ $1\dfrac{1}{26}$
⑲ $3\dfrac{3}{28}$
⑳ $4\dfrac{11}{30}$
㉑ $2\dfrac{2}{15}$
㉒ $4\dfrac{5}{33}$

㉓ $3\dfrac{16}{35}$
㉔ $1\dfrac{7}{36}$
㉕ $2\dfrac{19}{36}$
㉖ $1\dfrac{9}{40}$
㉗ $4\dfrac{2}{45}$
㉘ $4\dfrac{13}{48}$
㉙ $3\dfrac{1}{52}$

㉚ $\dfrac{15}{56}$
㉛ $2\dfrac{22}{63}$
㉜ $1\dfrac{19}{66}$
㉝ $3\dfrac{29}{70}$
㉞ $2\dfrac{5}{72}$
㉟ $3\dfrac{13}{77}$
㊱ $1\dfrac{1}{80}$

⑪ 받아내림이 있는 분모가 다른 대분수의 뺄셈

132쪽

❶ $\dfrac{2}{3}$

❷ $2\dfrac{17}{21}$

❸ $2\dfrac{37}{40}$

❹ $4\dfrac{51}{56}$

❺ $1\dfrac{89}{90}$

❻ $\dfrac{5}{8}$

❼ $1\dfrac{9}{10}$

❽ $3\dfrac{5}{12}$

❾ $2\dfrac{5}{6}$

❿ $\dfrac{11}{14}$

⓫ $2\dfrac{13}{15}$

⓬ $\dfrac{17}{18}$

⓭ $2\dfrac{7}{18}$

⓮ $2\dfrac{13}{20}$

⓯ $\dfrac{19}{20}$

133쪽

⓰ $2\dfrac{17}{22}$

⓱ $1\dfrac{17}{24}$

⓲ $3\dfrac{21}{25}$

⓳ $5\dfrac{25}{26}$

⓴ $3\dfrac{19}{30}$

㉑ $5\dfrac{9}{10}$

㉒ $1\dfrac{32}{35}$

㉓ $2\dfrac{29}{36}$

㉔ $7\dfrac{35}{36}$

㉕ $2\dfrac{19}{40}$

㉖ $\dfrac{8}{21}$

㉗ $1\dfrac{29}{45}$

㉘ $1\dfrac{47}{54}$

㉙ $4\dfrac{39}{56}$

㉚ $1\dfrac{47}{60}$

㉛ $2\dfrac{44}{63}$

㉜ $\dfrac{71}{72}$

㉝ $2\dfrac{83}{84}$

㉞ $\dfrac{81}{88}$

㉟ $4\dfrac{59}{90}$

㊱ $4\dfrac{97}{100}$

⑫ 세 분수의 덧셈과 뺄셈

134쪽

❶ $\dfrac{3}{8}$

❷ $\dfrac{7}{18}$

❸ $\dfrac{17}{42}$

❹ $\dfrac{11}{14}$

❺ $\dfrac{31}{72}$

❻ $\dfrac{5}{12}$

❼ $\dfrac{8}{9}$

❽ $\dfrac{19}{24}$

❾ $1\dfrac{13}{56}$

❿ $1\dfrac{14}{45}$

135쪽

⓫ $2\dfrac{1}{5}$

⓬ $2\dfrac{1}{24}$

⓭ $1\dfrac{1}{28}$

⓮ $3\dfrac{23}{30}$

⓯ $2\dfrac{39}{40}$

⓰ $\dfrac{5}{63}$

⓱ $1\dfrac{5}{72}$

⓲ $5\dfrac{11}{20}$

⓳ $3\dfrac{7}{10}$

⓴ $2\dfrac{25}{36}$

㉑ $1\dfrac{13}{21}$

㉒ $5\dfrac{1}{45}$

㉓ $5\dfrac{11}{60}$

㉔ $2\dfrac{31}{42}$

⑬ 그림에서 두 분수의 뺄셈하기

⑭ 두 분수의 차 구하기

136쪽

❶ $\dfrac{1}{3}$ / $3\dfrac{1}{9}$

❷ $\dfrac{2}{21}$ / $2\dfrac{13}{18}$

❸ $\dfrac{13}{40}$ / $2\dfrac{14}{15}$

❹ $\dfrac{7}{45}$ / $1\dfrac{19}{20}$

❺ $2\dfrac{7}{30}$ / $3\dfrac{23}{28}$

❻ $3\dfrac{4}{21}$ / $2\dfrac{67}{72}$

137쪽

❼ $\dfrac{2}{9}$

❽ $\dfrac{5}{28}$

❾ $1\dfrac{5}{8}$

❿ $1\dfrac{2}{5}$

⓫ $2\dfrac{5}{24}$

⓬ $1\dfrac{29}{30}$

⓭ $\dfrac{5}{6}$

⓮ $2\dfrac{31}{72}$

138쪽

❶ $\dfrac{1}{9}$

❷ $\dfrac{3}{14}$

❸ $1\dfrac{13}{30}$

❹ $2\dfrac{17}{18}$

❺ $\dfrac{14}{45}$

❻ $2\dfrac{1}{36}$

❼ $\dfrac{17}{56}$

❽ $1\dfrac{21}{22}$

139쪽

❾ $\dfrac{13}{21}$

❿ $\dfrac{5}{72}$

⓫ $3\dfrac{4}{35}$

⓬ $2\dfrac{10}{63}$

⓭ $4\dfrac{23}{90}$

⓮ $\dfrac{7}{8}$

⓯ $2\dfrac{7}{24}$

⓰ $2\dfrac{49}{60}$

❶ $\dfrac{7}{9}-\dfrac{2}{3}=\square,\ \square=\dfrac{1}{9}$

❷ $\dfrac{5}{7}-\dfrac{1}{2}=\square,\ \square=\dfrac{3}{14}$

❸ $4\dfrac{11}{15}-3\dfrac{3}{10}=\square,\ \square=1\dfrac{13}{30}$

❹ $5\dfrac{1}{9}-2\dfrac{1}{6}=\square,\ \square=2\dfrac{17}{18}$

❺ $\dfrac{8}{15}-\dfrac{2}{9}=\square,\ \square=\dfrac{14}{45}$

❻ $3\dfrac{5}{12}-1\dfrac{7}{18}=\square,\ \square=2\dfrac{1}{36}$

❼ $2\dfrac{7}{8}-2\dfrac{4}{7}=\square,\ \square=\dfrac{17}{56}$

❽ $6\dfrac{5}{11}-4\dfrac{1}{2}=\square,\ \square=1\dfrac{21}{22}$

❾ $\dfrac{5}{6}-\dfrac{3}{14}=\square,\ \square=\dfrac{13}{21}$

❿ $\dfrac{4}{9}-\dfrac{3}{8}=\square,\ \square=\dfrac{5}{72}$

⓫ $8\dfrac{2}{5}-5\dfrac{2}{7}=\square,\ \square=3\dfrac{4}{35}$

⓬ $3\dfrac{8}{21}-1\dfrac{2}{9}=\square,\ \square=2\dfrac{10}{63}$

⓭ $5\dfrac{7}{10}-1\dfrac{4}{9}=\square,\ \square=4\dfrac{23}{90}$

⓮ $3\dfrac{3}{4}-2\dfrac{7}{8}=\square,\ \square=\dfrac{7}{8}$

⓯ $6\dfrac{1}{8}-3\dfrac{5}{6}=\square,\ \square=2\dfrac{7}{24}$

⓰ $7\dfrac{4}{15}-4\dfrac{9}{20}=\square,\ \square=2\dfrac{49}{60}$

⑰ 수 카드로 만든 가장 큰 대분수와 가장 작은 대분수의 합과 차 구하기

14일 차

140쪽　❶ 계산 결과를 기약분수로 나타내지 않아도 정답으로 인정합니다.

❶ $3\dfrac{1}{2}+1\dfrac{2}{3}=5\dfrac{1}{6}$ / $3\dfrac{1}{2}-1\dfrac{2}{3}=1\dfrac{5}{6}$

❷ $7\dfrac{1}{2}+1\dfrac{2}{7}=8\dfrac{11}{14}$ / $7\dfrac{1}{2}-1\dfrac{2}{7}=6\dfrac{3}{14}$

❸ $5\dfrac{2}{3}+2\dfrac{3}{5}=8\dfrac{4}{15}$ / $5\dfrac{2}{3}-2\dfrac{3}{5}=3\dfrac{1}{15}$

141쪽

❹ $7\dfrac{2}{3}+2\dfrac{3}{7}=10\dfrac{2}{21}$ / $7\dfrac{2}{3}-2\dfrac{3}{7}=5\dfrac{5}{21}$

❺ $8\dfrac{1}{3}+1\dfrac{3}{8}=9\dfrac{17}{24}$ / $8\dfrac{1}{3}-1\dfrac{3}{8}=6\dfrac{23}{24}$

❻ $7\dfrac{4}{5}+4\dfrac{5}{7}=12\dfrac{18}{35}$ / $7\dfrac{4}{5}-4\dfrac{5}{7}=3\dfrac{3}{35}$

❼ $9\dfrac{1}{4}+1\dfrac{4}{9}=10\dfrac{25}{36}$ / $9\dfrac{1}{4}-1\dfrac{4}{9}=7\dfrac{29}{36}$

❽ $9\dfrac{2}{5}+2\dfrac{5}{9}=11\dfrac{43}{45}$ / $9\dfrac{2}{5}-2\dfrac{5}{9}=6\dfrac{38}{45}$

⑱ 뺄셈 문장제

15일 차

142쪽 ⚠️ 계산 결과를 기약분수로 나타내지 않아도 정답으로 인정합니다.

❶ $\frac{5}{8}$, $\frac{1}{4}$, $\frac{3}{8}$ / $\frac{3}{8}$ kg

❷ $7\frac{3}{7}$, $5\frac{1}{2}$, $1\frac{13}{14}$ / $1\frac{13}{14}$ m

143쪽

❸ $\frac{2}{3} - \frac{2}{5} = \frac{4}{15}$ / $\frac{4}{15}$ L

❹ $8\frac{9}{10} - 5\frac{3}{4} = 3\frac{3}{20}$ / $3\frac{3}{20}$ 장

❺ $4\frac{1}{15} - 3\frac{7}{9} = \frac{13}{45}$ / $\frac{13}{45}$ km

❸ (남은 물의 양)=(처음 물의 양)−(사용한 물의 양)

　　$= \frac{2}{3} - \frac{2}{5} = \frac{4}{15}$(L)

❹ (현아가 주호보다 더 많이 사용한 색종이의 수)

　=(현아가 사용한 색종이의 수)−(주호가 사용한 색종이의 수)

　$= 8\frac{9}{10} - 5\frac{3}{4} = 3\frac{3}{20}$(장)

❺ (걸어서 간 거리)

　=(진성이네 집에서 할머니 댁까지의 거리)−(버스를 타고 간 거리)

　$= 4\frac{1}{15} - 3\frac{7}{9} = \frac{13}{45}$(km)

⑲ 덧셈과 뺄셈 문장제

16일 차

144쪽 ⚠️ 계산 결과를 기약분수로 나타내지 않아도 정답으로 인정합니다.

❶ $\frac{1}{9}$, $\frac{1}{3}$, $\frac{3}{10}$, $\frac{13}{90}$ / $\frac{13}{90}$ L

❷ $2\frac{5}{8}$, $1\frac{1}{4}$, $1\frac{1}{2}$, $2\frac{7}{8}$ / $2\frac{7}{8}$ kg

145쪽

❸ $\frac{7}{10} - \frac{3}{20} + \frac{2}{5} = \frac{19}{20}$ / $\frac{19}{20}$ L

❹ $3\frac{5}{6} - 1\frac{4}{7} + 2\frac{2}{3} = 4\frac{13}{14}$ / $4\frac{13}{14}$ kg

❺ $2\frac{4}{5} + 1\frac{1}{2} - 1\frac{7}{15} = 2\frac{5}{6}$ / $2\frac{5}{6}$ m

❸ (집에 있는 주스의 양)

　=(처음 주스의 양)−(마신 주스의 양)+(더 사 오신 주스의 양)

　$= \frac{7}{10} - \frac{3}{20} + \frac{2}{5} = \frac{19}{20}$(L)

❹ (가지고 있는 지점토의 양)

　=(처음 지점토의 양)−(동생에게 준 지점토의 양)

　　+(친구에게서 받은 지점토의 양)

　$= 3\frac{5}{6} - 1\frac{4}{7} + 2\frac{2}{3} = 4\frac{13}{14}$(kg)

❺ (초록색 테이프의 길이)

　=(빨간색 테이프의 길이)+(빨간색 테이프보다 더 긴 길이)

　　−(노란색 테이프보다 더 짧은 길이)

　$= 2\frac{4}{5} + 1\frac{1}{2} - 1\frac{7}{15} = 2\frac{5}{6}$(m)

146쪽 ❶ 계산 결과를 기약분수로 나타내지 않아도 정답으로 인정합니다.

❶ $\frac{2}{3}$, $\frac{2}{3}$, $\frac{8}{21}$, $\frac{8}{21}$, $\frac{2}{21}$ / $\frac{2}{21}$

❷ $3\frac{4}{5}$, $3\frac{4}{5}$, $1\frac{1}{2}$, $1\frac{1}{2}$, $\frac{4}{5}$ / $\frac{4}{5}$

147쪽

❸ $\frac{7}{12}$

❹ $1\frac{4}{15}$

❺ $\frac{31}{36}$

❸ 어떤 수를 ☐라 하면

☐$+\frac{1}{8}=\frac{5}{6}$이므로 ☐$=\frac{5}{6}-\frac{1}{8}=\frac{17}{24}$입니다.

따라서 바르게 계산한 값은 $\frac{17}{24}-\frac{1}{8}=\frac{7}{12}$입니다.

❹ 어떤 수를 ☐라 하면

☐$+2\frac{1}{6}=5\frac{3}{5}$이므로 ☐$=5\frac{3}{5}-2\frac{1}{6}=3\frac{13}{30}$입니다.

따라서 바르게 계산한 값은 $3\frac{13}{30}-2\frac{1}{6}=1\frac{4}{15}$입니다.

❺ 어떤 수를 ☐라 하면

$2\frac{23}{36}+$☐$=4\frac{5}{12}$이므로 ☐$=4\frac{5}{12}-2\frac{23}{36}=1\frac{7}{9}$입니다.

따라서 바르게 계산한 값은 $2\frac{23}{36}-1\frac{7}{9}=\frac{31}{36}$입니다.

평가 **5. 분수의 덧셈과 뺄셈**

148쪽

1 $\frac{1}{2}$

2 $\frac{17}{22}$

3 $1\frac{11}{15}$

4 $1\frac{1}{40}$

5 $5\frac{11}{28}$

6 $4\frac{1}{9}$

7 $\frac{2}{15}$

8 $\frac{13}{24}$

9 $3\frac{3}{14}$

10 $2\frac{17}{24}$

11 $2\frac{8}{15}$

12 $2\frac{29}{36}$

13 $\frac{7}{15}$

14 $2\frac{39}{40}$

149쪽 ❶ 계산 결과를 기약분수로 나타내지 않아도 정답으로 인정합니다.

15 $1\frac{1}{3}+1\frac{3}{4}=3\frac{1}{12}$

/ $3\frac{1}{12}$ kg

16 $\frac{17}{20}-\frac{3}{5}=\frac{1}{4}$ / $\frac{1}{4}$ L

17 $3\frac{4}{7}-1\frac{1}{2}+2\frac{3}{4}=4\frac{23}{28}$

/ $4\frac{23}{28}$ kg

18 $1\frac{8}{9}$

19 $\frac{7}{10}$

20 $6\frac{9}{10}$ / $4\frac{1}{10}$

15 (귤과 사과의 양)=(귤의 양)+(사과의 양)

$=1\frac{1}{3}+1\frac{3}{4}=3\frac{1}{12}$(kg)

16 (남은 우유의 양)=(처음 우유의 양)−(마신 우유의 양)

$=\frac{17}{20}-\frac{3}{5}=\frac{1}{4}$(L)

17 (상자에 들어 있는 복숭아의 양)

=(처음 복숭아의 양)−(먹은 복숭아의 양)

+(사서 넣은 복숭아의 양)

$=3\frac{4}{7}-1\frac{1}{2}+2\frac{3}{4}=4\frac{23}{28}$(kg)

18 어떤 수를 ☐라 하면

☐$-\frac{5}{6}=\frac{2}{9}$이므로 ☐$=\frac{2}{9}+\frac{5}{6}=1\frac{1}{18}$입니다.

따라서 바르게 계산한 값은 $1\frac{1}{18}+\frac{5}{6}=1\frac{8}{9}$입니다.

19 어떤 수를 ☐라 하면

$2\frac{4}{15}+$☐$=3\frac{5}{6}$이므로 ☐$=3\frac{5}{6}-2\frac{4}{15}=1\frac{17}{30}$입니다.

따라서 바르게 계산한 값은 $2\frac{4}{15}-1\frac{17}{30}=\frac{7}{10}$입니다.

20 합: $5\frac{1}{2}+1\frac{2}{5}=6\frac{9}{10}$

차: $5\frac{1}{2}-1\frac{2}{5}=4\frac{1}{10}$

6. 다각형의 둘레와 넓이

① 정다각형의 둘레

152쪽

❶ 9×3=27 또는
9+9+9=27 / 27 cm

❷ 7×5=35 또는
7+7+7+7+7=35
/ 35 cm

❸ 6×4=24 또는
6+6+6+6=24
/ 24 cm

❹ 5×6=30 또는
5+5+5+5+5+5
=30 / 30 cm

153쪽

❺ 8×4=32 또는
8+8+8+8=32
/ 32 cm

❻ 4×8=32 또는
4+4+4+4+4+4
+4+4=32 / 32 cm

❼ 3×10=30 또는
3+3+3+3+3+3
+3+3+3+3=30
/ 30 cm

❽ 5×7=35 또는
5+5+5+5+5+5
+5=35 / 35 cm

❾ 3×9=27 또는
3+3+3+3+3+3
+3+3+3=27
/ 27 cm

❿ 2×12=24 또는
2+2+2+2+2+2
+2+2+2+2+2
+2=24 / 24 cm

② 직사각형의 둘레

154쪽

❶ (6+9)×2=30 또는
6+9+6+9=30
/ 30 cm

❷ (10+9)×2=38 또는
10+9+10+9=38
/ 38 cm

❸ (7+10)×2=34 또는
7+10+7+10=34
/ 34 cm

❹ (11+8)×2=38 또는
11+8+11+8=38
/ 38 cm

155쪽

❺ (9+5)×2=28 또는
9+5+9+5=28
/ 28 cm

❻ (7+8)×2=30 또는
7+8+7+8=30
/ 30 cm

❼ (6+11)×2=34 또는
6+11+6+11=34
/ 34 cm

❽ (7+6)×2=26 또는
7+6+7+6=26
/ 26 cm

❾ (8+9)×2=34 또는
8+9+8+9=34
/ 34 cm

❿ (12+10)×2=44 또는
12+10+12+10=44
/ 44 cm

③ 평행사변형의 둘레

3일차

156쪽

❶ (9＋7)×2＝32 또는
9＋7＋9＋7＝32
/ 32 cm

❷ (8＋13)×2＝42 또는
8＋13＋8＋13＝42
/ 42 cm

❸ (10＋6)×2＝32 또는
10＋6＋10＋6＝32
/ 32 cm

❹ (12＋10)×2＝44 또는
12＋10＋12＋10＝44
/ 44 cm

157쪽

❺ (8＋6)×2＝28 또는
8＋6＋8＋6＝28
/ 28 cm

❻ (12＋8)×2＝40 또는
12＋8＋12＋8＝40
/ 40 cm

❼ (15＋11)×2＝52 또는
15＋11＋15＋11
＝52 / 52 cm

❽ (11＋7)×2＝36 또는
11＋7＋11＋7＝36
/ 36 cm

❾ (10＋7)×2＝34 또는
10＋7＋10＋7＝34
/ 34 cm

❿ (9＋10)×2＝38 또는
9＋10＋9＋10＝38
/ 38 cm

④ 마름모의 둘레

4일차

158쪽

❶ 6×4＝24 또는
6＋6＋6＋6＝24
/ 24 cm

❷ 10×4＝40 또는
10＋10＋10＋10＝40
/ 40 cm

❸ 8×4＝32 또는
8＋8＋8＋8＝32
/ 32 cm

❹ 11×4＝44 또는
11＋11＋11＋11＝44
/ 44 cm

159쪽

❺ 5×4＝20 또는
5＋5＋5＋5＝20
/ 20 cm

❻ 12×4＝48 또는
12＋12＋12＋12
＝48 / 48 cm

❼ 15×4＝60 또는
15＋15＋15＋15
＝60 / 60 cm

❽ 7×4＝28 또는
7＋7＋7＋7＝28
/ 28 cm

❾ 9×4＝36 또는
9＋9＋9＋9＝36
/ 36 cm

❿ 14×4＝56 또는
14＋14＋14＋14
＝56 / 56 cm

⑤ 넓이의 단위 1 cm², 1 m², 1 km²의 관계

5일차

160쪽

❶ 20000
❷ 110000
❸ 480000
❹ 800000
❺ 32000
❻ 7
❼ 40
❽ 61
❾ 95
❿ 0.5

161쪽

⑪ 3000000
⑫ 5000000
⑬ 12000000
⑭ 35000000
⑮ 80000000
⑯ 600000
⑰ 740000
⑱ 4
⑲ 9
⑳ 16
㉑ 58
㉒ 97
㉓ 0.4
㉔ 2.9

⑥ 직사각형의 넓이

162쪽

❶ $8 \times 6 = 48$ / 48 cm²
❷ $5 \times 7 = 35$ / 35 cm²
❸ $10 \times 4 = 40$ / 40 cm²
❹ $11 \times 5 = 55$ / 55 cm²

163쪽

❺ $6 \times 9 = 54$ / 54 m²
❻ $11 \times 10 = 110$ / 110 m²
❼ $15 \times 9 = 135$ / 135 m²
❽ $8 \times 10 = 80$ / 80 m²
❾ $12 \times 9 = 108$ / 108 m²
❿ $14 \times 11 = 154$ / 154 m²

⑦ 정사각형의 넓이

164쪽

❶ $4 \times 4 = 16$ / 16 cm²
❷ $8 \times 8 = 64$ / 64 cm²
❸ $7 \times 7 = 49$ / 49 cm²
❹ $10 \times 10 = 100$ / 100 cm²

165쪽

❺ $5 \times 5 = 25$ / 25 m²
❻ $9 \times 9 = 81$ / 81 m²
❼ $11 \times 11 = 121$ / 121 m²
❽ $6 \times 6 = 36$ / 36 m²
❾ $12 \times 12 = 144$ / 144 m²
❿ $13 \times 13 = 169$ / 169 m²

⑧ 평행사변형의 넓이

166쪽

❶ $8 \times 6 = 48$ / 48 cm²
❷ $4 \times 9 = 36$ / 36 cm²
❸ $10 \times 7 = 70$ / 70 cm²
❹ $5 \times 8 = 40$ / 40 cm²

167쪽

❺ $10 \times 5 = 50$ / 50 m²
❻ $8 \times 8 = 64$ / 64 m²
❼ $6 \times 11 = 66$ / 66 m²
❽ $8 \times 7 = 56$ / 56 m²
❾ $9 \times 6 = 54$ / 54 m²
❿ $12 \times 10 = 120$ / 120 m²

⑨ 삼각형의 넓이

168쪽

❶ $6 \times 5 \div 2 = 15$ / 15 cm²
❷ $4 \times 7 \div 2 = 14$ / 14 cm²
❸ $9 \times 4 \div 2 = 18$ / 18 cm²
❹ $9 \times 6 \div 2 = 27$ / 27 cm²

169쪽

❺ $5 \times 8 \div 2 = 20$ / 20 m²
❻ $12 \times 5 \div 2 = 30$ / 30 m²
❼ $4 \times 8 \div 2 = 16$ / 16 m²
❽ $6 \times 7 \div 2 = 21$ / 21 m²
❾ $10 \times 6 \div 2 = 30$ / 30 m²
❿ $10 \times 7 \div 2 = 35$ / 35 m²

⑩ 마름모의 넓이

10일차

170쪽

❶ $9 \times 4 \div 2 = 18$
/ 18 cm²

❷ $6 \times 6 \div 2 = 18$
/ 18 cm²

❸ $12 \times 5 \div 2 = 30$
/ 30 cm²

❹ $6 \times 8 \div 2 = 24$
/ 24 cm²

171쪽

❺ $15 \times 10 \div 2 = 75$
/ 75 m²

❻ $10 \times 14 \div 2 = 70$
/ 70 m²

❼ $20 \times 20 \div 2 = 200$
/ 200 m²

❽ $14 \times 11 \div 2 = 77$
/ 77 m²

❾ $9 \times 12 \div 2 = 54$ / 54 m²

❿ $15 \times 14 \div 2 = 105$
/ 105 m²

⑪ 사다리꼴의 넓이

11일차

172쪽

❶ $(4+8) \times 3 \div 2 = 18$
/ 18 cm²

❷ $(3+7) \times 6 \div 2 = 30$
/ 30 cm²

❸ $(7+9) \times 4 \div 2 = 32$
/ 32 cm²

❹ $(10+4) \times 5 \div 2 = 35$
/ 35 cm²

173쪽

❺ $(5+6) \times 8 \div 2 = 44$
/ 44 m²

❻ $(7+5) \times 7 \div 2 = 42$
/ 42 m²

❼ $(12+4) \times 10 \div 2 = 80$
/ 80 m²

❽ $(6+10) \times 7 \div 2 = 56$
/ 56 m²

❾ $(5+7) \times 6 \div 2 = 36$
/ 36 m²

❿ $(6+9) \times 8 \div 2 = 60$
/ 60 m²

⑫ 정다각형의 둘레를 알 때, 한 변의 길이 구하기

⑬ 직사각형의 둘레를 알 때, 변의 길이 구하기

12일차

174쪽

❶ 9
❷ 8
❸ 6
❹ 7
❺ 4
❻ 5

175쪽

❼ 9
❽ 10
❾ 12
❿ 7
⓫ 11
⓬ 13

⑭ 평행사변형의 둘레를 알 때, 한 변의 길이 구하기

⑮ 마름모의 둘레를 알 때, 한 변의 길이 구하기

13일차

176쪽

❶ 7
❷ 9
❸ 11
❹ 5
❺ 8
❻ 9

177쪽

❼ 4
❽ 8
❾ 15
❿ 7
⓫ 10
⓬ 16

(평가) 6. 다각형의 둘레와 넓이

주소 서울특별시 구로구 디지털로33길 48 대륭포스트타워 7차 20층

협의 없는 무단 복제는 법으로 금지되어 있습니다.

+ 개념·플러스·연산 개념과 연산이 만나 수학의 즐거운 학습 시너지를 일으킵니다.

대표전화 1544-0554

주소 서울특별시 구로구 디지털로33길 48 대륭포스트타워 7차 20층

협의 없는 무단 복제는 법으로 금지되어 있습니다.